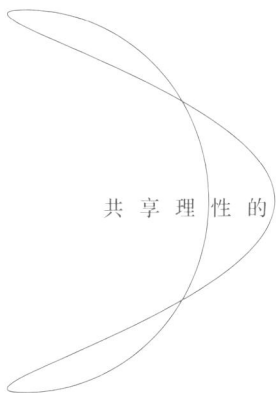

共 享 理 性 的 力 量

跨界学习

终身学习者的
认知方法论

王烁／著

湖南文艺出版社
HUNAN LITERATURE AND ART PUBLISHING HOUSE

博集天卷
CS-BOOKY

图书在版编目（CIP）数据

跨界学习 / 王烁著. — 长沙：湖南文艺出版社，2019.3
ISBN 978-7-5404-8910-6

Ⅰ.①跨… Ⅱ.①王… Ⅲ.①思维训练 – 文集 Ⅳ.① B80-53

中国版本图书馆 CIP 数据核字（2018）第 279950 号

上架建议：成功励志

KUAJIE XUEXI
跨界学习

作　　者：王　烁
出 版 人：曾赛丰
责任编辑：薛　健　刘诗哲
监　　制：于向勇　秦　青
策划编辑：张　卉
文字编辑：郑　荃
营销编辑：刘晓晨　刘　迪　初　晨
版式设计：谭　锴
封面设计：崔浩原
出版发行：湖南文艺出版社
　　　　　（长沙市雨花区东二环一段 508 号　邮编：410014）
网　　址：www.hnwy.net
印　　刷：北京中科印刷有限公司
经　　销：新华书店
开　　本：875mm × 1270mm　1/32
字　　数：133 千字
印　　张：7
版　　次：2019 年 3 月第 1 版
印　　次：2019 年 3 月第 1 次印刷
书　　号：ISBN 978-7-5404-8910-6
定　　价：48.00 元

若有质量问题，请致电质量监督电话：010-59096394
团购电话：010-59320018

序

但求精进

　　这本书能让你从中获得什么？我一言以蔽之：不惑。"四十不惑"的不惑。它不是一种特定能力，而是一层认知境界。中国人认为四十不惑是成长的重要里程碑：三十而立，四十不惑，五十知天命，达到这几步需要经历漫长的修炼。现在你有机会提前达成。

　　先说这里没有什么。

　　第一，你不能在这里获得关于某个特定领域的系统性专业知识。我不是能被一个专业圈住的人。我是财新传媒的总编辑，多年来主管这家中国最好的新闻机构的新闻报道。不过，除了新闻工作，我在其他领域都不是专家。我的兴趣是付出两成努力，就一个问题懂得八成，也就是所谓的另类二八定律。剩下两成留给专家，我则已出发前往下一个地方，面对下一个问题。

　　第二，这里没有万能钥匙。这里当然有你从来没想到过的技巧和方法，但没有什么技巧和方法能通吃。运用之妙，存乎一心。历史总是押韵，从不重复，讲的是同一个道理。

第三，这里也没有简单答案。自我是多重的，环境是变化的，社会是多元的，为省事找单一策略是取败之道。

如果这里没有简单、万能或是穷尽某个领域的专业知识、技能和答案，那有什么？

这里有成年人的自我博雅教育：对各种知识都感到好奇，驭书作马，信马由缰，辗转于最肥美的牧场，随处撷英，以求不惑。

很幸运，这是我工作的自然延展。

绝大多数人的工作是一阶的，就是做事；我的工作则是"二阶"的，即对他人做的事下判断。我主管新闻报道，必须对每天发生的各种大事及其可能的走向迅速做出大体靠谱的初步判断：是否真相已明？需不需要进一步了解？了解到什么程度算足够？如何匹配人力、财力、注意力资源？多年来每天都做这件事，切磋琢磨，久而久之，帮助财新站到了中国高质量新闻报道的金字塔塔尖，我也随之走过了属于自己的人生里程碑。

不惑，谈何容易！

要就事前无法预知的一切问题迅速做出大体靠谱的判断，形成初步决策，就得了解现实，因为了解现实是了解更多现实的前提。需要通达人性，因为人性简单而变化无穷，朝三暮四又亘古不变。需要懂得博弈论，因为社会是个你猜我、我猜他、他猜你的循环，须知止而后有定。需要熟悉进化论，因为进化论有洗髓之力，颠覆既往一切对秩序起源的理解。需要涉猎神经科学，因为无论理性与非理性，我们的一切决策都栖身于此。需要把握政治学，因为分配即政治，至于分配的是利益还是悲剧，不过是从哪一端看过去的问题而已。需要洞察历史，唯此才能不至于为自己这个单一样本所困，获得对无尽可能的想象力。也需要偶尔饮一瓢哲思，因为到了最后的最后，每个人必须与自相矛盾的自己和解。

不再一一列举了，这个清单不断延展，既彼此交融，又从不同维度逼问：面对变化的环境、不测的未来，何以自处？所为何事？何处安心？我的路径自传统中来：读万卷书、阅万种人、晓万般事，一样也不能少。被问题所驱动，不管它来自何方；在好书中寻找智慧，反过来照进现实。如是反复迭代，最终万流归宗：无论古今还是中外，君子学为成人。它是持续终身之旅，我尚在路上。

欢迎加入认知训练。不光是说说而已，从来知易行难，这段不惑之旅会展示知行如何合一。学思践行，我们但求精进，无问西东。

目 录

穿透思考

方法工具

思想实验

时代悖论

另类视角

穿透思考

每个人都有25个开关

无论是想要避免落入同样的误判陷阱，还是想要避免受别人误判之害，抑或是想利用其误判获益，你都得知道有哪些常见误判，还得有更靠谱的认知框架。

查理·芒格（Charlie Munger）是沃伦·巴菲特（Warren Buffett）的合伙人，巴菲特说他是自己见过的最聪明的家伙。命运把他们绑在一起，使之成为终身合作伙伴，但假如命运不是如此安排，芒格一样会获得自己的成功，正如巴菲特一样。

芒格的经历比较简单，出生在内布拉斯加州（Nebraska）奥马哈（Omaha），小时候给巴菲特的祖父老巴菲特的杂货店打过工，参加过二战，上过加州理工学院，从哈佛法学院荣誉毕业，做了几年律师，然后不干了，专注投资，与巴菲特比肩而立，成为超级投资者。

我有个朋友是芒格的信徒，写过一篇关于他的文章，我拿过来把标题改成"只凭智慧取成功"，一时传疯了。人人都想成为这样的人，绝大多数是幻觉，但如果世界上存在着这样的人，芒格比较接近。

芒格聪明，但不靠小聪明。他服膺的偶像是美国开国元勋富兰克林，但我没看到过他讲富兰克林的各种显赫功业，相反，他引用的是富兰克林年轻时草创的《穷理查年鉴》(*Poor Richard's Almanack*)。富兰克林白手起家，没受过多好的教育，《穷理查年鉴》全部自己写。他的写作水平怎么样呢？他把他欣赏的作者的文章找来，模仿其写法，反复练习，针对练习，仔细琢磨。这些不是走捷径、耍小聪明，而是笨办法、大智慧。芒格如法炮制，把自己的人生经验与投资心得也放到一本书里，叫《穷查理宝典》(*Poor Charlie's Almanack*)，向偶像致敬。

多年以前，芒格在两所母校加州理工学院和哈佛大学陆续做过三次演讲，主题都是人类误判心理学（The Psychology of Human Misjudgment）。15 年后，他将这三次演讲整合为长篇文章。他在前言中讲自己为什么要这么干，承认自己对学院派心理学一无所知，之所以要整合、加工并再次发表，是因为这些东西对他极为有用，那就"为后人留点有用的东西吧，我的剑留给能挥舞它的人"。

芒格为什么要构建自己的心理学呢？因为我们所处的这个世界就是被各种人的各种误判打造出来的。无论是想要避免落入同样的误判陷阱，还是想要避免受别人误判之害，抑或是想利用其误判获益，你都得知道有哪些常见误判，还得有更靠谱的认知框架。他翻了几本心理学教材，觉得没什么用，于是土法上马，用富兰克林的打法，自己来，锻造对自己有用的心理学。

芒格的土法有两大特点：

第一是翻转。翻转的意思是，如果你想知道怎么成功，那就先去知道怎样会失败。芒格不学习成功，而学习失败，从各种各样的失败决策中寻找教训，翻转过来获得好决策的线索。他常说："告诉我会死在哪里，我就永远不去那里。"乍一听像是打趣，其实已经公布了学习秘诀。

第二是跨界。芒格习惯从反面入手，蠢人和愚蠢对芒格来说是宝贵的学习材料，而其并不存在边界，随处都有。蠢人和愚蠢在哪里，芒格就跟到哪里，仔细观摩、琢磨，不知不觉就跨越了行业壁垒、学科鸿沟。

人跟人不一样。有些人做事靠工具，比如更好地建模型、量化，电脑就是一个工具，让我们变得"更快、更高、更强"。芒格是另一种人，他做事靠琢磨人。另一个传奇投资者卡尔·伊卡恩（Carl Icahn）也是这类人，他的业绩不亚于巴菲特。伊卡恩买入大量股票，进入董事会，炒掉 CEO，压迫上市公司回报股东，这是他的打法。我听他给耶鲁学生讲金融课，上来就说："电脑什么的我不懂，但我懂人啊！"

懂人就是懂人性，人性复杂无比，所以这条路是险路。但反过来说，人性又亘古不变，所以也可以是捷径。至于是险路还是捷径，得看你自己是什么人。

回到主题。芒格在自己的人类误判心理学里提出 25 种心理倾向，就是人们的思维定式。围棋中有句话，叫作"不思而应"，意思是"还没想呢，棋就下了"，这就是思维定式起作用的结果。我把它们理解为开关，就是说，一拨这些东西你就有反应，很多时候反应还特别大。

第 1 个开关是激励。它是个超级开关。芒格说，永远不要低估激励的作用，其重要性怎么强调也不过分。只要激励用得上，就不要用别的东西。富兰克林说过同样的道理，用利益而不是道理来说服人。

第 2 个开关是爱。人们渴望爱与被爱，因此对所爱者的缺点熟视无睹，听从其意志，偏爱其所爱，甚至不惜扭曲事实。爱既能把人推向巅峰，也能把人打入谷底。

第 3 个开关是恨。恨与爱恰为镜像，人们为此无视所仇恨者的优点，乃至一切与之相关的事物，同样不惜扭曲事实。

第 4 个开关是讨厌不确定性。人们不愿意陷入怀疑和不确定状态中，总是想立即做出决定。这个开关是演化而来的，不立即行动的那些猎物早就在进化中被猎食者吃干抹净。它与困惑和压力有关，困惑和压力越大，人们越想尽快摆脱怀疑。

第 5 个开关是追求一致性。人们讨厌前后不一，总想前后协调起来。这使得习惯至关重要，它是让人生保持一致性的快捷方式，好习惯使人事半功倍，坏习惯纠正起来事倍功半。如果这与上一条讨厌不确定性合起来，可能导致可怕的后果：过快地下判断、做决定，然后永不改变。

第 6 个开关是好奇。人类的好奇心远胜任何动物，这是一面；另一面是"好奇心害死猫"。

第 7 个开关是公平。己所不欲，勿施于人。

第 8 个开关是嫉妒。这是古老的开关之一，肯定来自演化，因为兄弟姐妹之间的嫉妒更甚于陌生人之间的。《圣经》禁止人嫉妒有驴子的邻居，可是没用。巴菲特甚至说，推动世界的不是贪婪，而是嫉妒。

第 9 个开关是投桃报李，以牙还牙。没有它，人类不可能进化出合作。但它也可以被利用来操纵人。给你小恩小惠，你油然而生感激，于是掉进陷阱。大脑本能地想投桃报李，却不擅长计算数字。多少人栽在这里。

第 10 个开关是近朱者赤。哪怕两样东西只是肤浅地联系在一起，也会对人的判断造成连带影响。广告里面多美女，原因即在此。这无伤大雅。但如果你得的是"波斯信使综合征"，后果就会很严重：带来坏消息的信使会被波斯国王杀掉，从此他再也听不到坏消息。

第 11 个开关是否认现实。人们会拒绝承认现实，如果它太令人痛苦。

第 12 个开关是过度重视自己。人们总认为自己拥有的东西更好，喜欢与自己相似的人，好处是安全，坏处是形成同类的小圈子，锁死在互相欣赏但逐渐衰败的螺旋里。伟大人物则相反，他们经常清扫房间，断舍离。

第 13 个开关是过度自信。这跟上一个开关——过度重视自己密切相关。过度自信的人还往往会高估自己对其他人的判断能力，结果就是在面试上花了过多时间，其实把这些时间用在简历上更有效。怎么才能解毒？少想自己这个人，多想概率这件事；先别想自己能不能做成一件事，先想想这件事以前的成功率是多少。

第 14 个开关是厌恶损失。人们厌恶确定的损失，甚至不惜去冒巨大的风险来避免它。两个围棋世界冠军争霸，一方犯了个小错，造成亏损，这时如果承认亏损，慢慢下的话，虽然局势不利，但翻盘的机会还多；但如果他拒绝接受亏损，选择马上拼命，就会被对方一击即溃。阿尔法围棋（AlphaGo）就不会像他这样。

第 15 个开关是寻找认同。青少年受同伴影响远胜于家庭。成人也一样，在认同感的驱使下会做出不可设想的事情，比如在集体中，普通人能够对他人施以不可想象的暴力。人们在面临困惑和压力时最有动力寻求认同感，所以传销和邪教组织第一步要做的便是将人隔离，把人分成"我们"和"他们"，这样做的目的就是激发他们寻找认同的开关。

第 16 个开关是对标。人们不擅长对一件孤立的事情做判断，一定要找到一个参照，通过和参照物的比较来进行判断。比如你花 100 元买个东西是否划算很难说，但如果它昨日是 50 元，你就很容易判断它不划算。我对应的建议是，买什么都别买附件。因为卖附件这门生意就是建立在利用对标这个开关的基础上的。比如买车就很容易买下许多附件，因为跟汽车的总价相比，附件的价格似乎微不足道，但其实搞不好人家的利润主要就在附件上。温水煮青蛙也是这个道理，因为每一刻都只跟上一刻比，觉得没啥变化，直到沸腾。

第 17 个开关是压力。压力有二重性，套用巴甫洛夫对狗的研究：第一，巨大的压力会使人崩溃；第二，压力够大的话，所有人都会崩溃；第三，最坚强的人一旦崩溃，恢复也最难；最有意思的是第四点，恢复的唯一途径是重新施加巨大压力。

第 18 个开关是重视易得的东西。芒格说有句歌词这样说："如果我爱的人不在身边，我就爱身边的人。"耶鲁大学校长、心理学家苏必德（Peter Salovey）也说，恋爱这件事，相关性最大的就是距离。兔子总吃窝边草。

第 19 个开关是用进废退。只有练习才能精进，这一点人人都知道。但是，有些技能很不常用，要练到精处，只能随时练习，但看起来又没用，因为用到的机会很少。这些技能就是"屠龙技"。你一辈子都不一定能遇到一条龙，但现在不练，万一遇到龙怎么办？

第 20 个开关是毒品有害。这没什么可解释的。

第 21 个开关是衰老。没有谁年老后还擅长学习新的复杂技能，迟滞岁月磨损的唯一办法是始终保持思考，怀抱欣喜之心学习。

第 22 个开关是服从权威。领导比普通人更容易显得英明神武，尽管他们除了地位高些之外，就是普通人。崇拜权力不是哪个民族的特性，这件事全人类共通。正因如此，对把什么人放在有权力的位置上这件事要特别小心。

第 23 个开关是闲扯淡。人人都爱闲扯淡，这没什么办法，但你得尽量做到别让闲扯淡的人打扰做正事的人。

第 24 个开关是万事有理由。让别人做事一定要告诉他为什么，因为人人都想知道为什么。重视到什么地步？只要加两个字"因为"，不管你后面说的是什么，别人都会多让你一点。

第 25 个开关是个总开关：组合开关。如果把前面的单个开关组合起来，效果会更为强烈。举个例子，厌恶损失与追求一致性结合起来，就会使人不停地往失败的事情上追加赌注，直到全部输光。而服从权威加上追求一致性再加上寻找认同，就创造了邪教和恐怖组织。

回过头来看这 25 个开关，芒格说，它们既不是所有时候都好，也不是所有时候都坏，它们就是思维的快捷方式。我们首先得知道人同此心，心同此理。我们每个人也不例外，都在这 25 个开关的控制下。其次，记住这 25 个开关，但凡意识到我们正被哪个开关所控制，其实就有解药。

解药不外乎这些：

第一，随时对照 25 个开关检查自己的决策。知道就是得到，比茫然懵懂好很多。第二，下判断、做决定前，最好有冷静期。第三，要算概率。第四，找对参照系。第五，与前后不一这件事和解，自相矛盾没什么了不起的。第六，永远直面真相，不管这有多么难。

这些与中国智慧暗合。《论语》说，夫子有四绝，"毋意，毋必，毋固，毋我"。就是说，夫子有四不为：不想当然，不强求，不固执，也不囿于自己。《尚书》也留下了十六字心传："人心唯危，道心唯微，唯精唯一，允执厥中。"如果能做到这些，管理我们的 25 个开关绝对够用。道理就是这些，结果全在知与行一体。

思考怎样更好地思考

在析妙理于毫芒的前沿地带，凭借精巧的思想实验，思维的工匠有一席显要之地。

很多年前，现代计算机之父艾伦·图灵（Alan Turing）构造出图灵机也就是计算机的基本概念，他知道猛兽即将出柙。图灵机本身只是个思想实验，但今天最复杂的计算机仍没有超过当初写在纸上的图灵机在理论上能达到的能力范围。图灵思考下一个问题：机器能达到多高的智慧？他又构造了一个思想实验，即对机器智慧的终极测试——图灵测试。

想象这样一个场景：人类与另一方交流，彼此隔离，另一方对人类来说是个黑盒子，你对他一无所知。交流仅通过键盘和屏幕进行，人类通过键盘输入，对方通过屏幕回应。如果人类无法通过交流辨别对方是人类还是机器，那么就可以说机器通过了测试，拥有与人类同等的智能。

图灵只关心机器是否拥有智能，并未涉及机器能否像人一样获得"意向"（intentionality）、"意识"（consciousness），乃至"意志"（free will），但哲学家们关心这些；不仅哲学家们关心，普通人也关心。人人都关心机器会不会获得意向、意识、意志。一旦机器获得了这些东西，人类在地球上的好日子就算过完了。而且，对人类的意向、意识和意志，人类自己还不太明白，还想通过与机器智慧相比较，找到理解人类自己的线索。

解释一下，所谓意向，就是心智（mind）在场并表达、代表事物的能力；所谓意识，就是知道"自我"；所谓意志，就是自主选择。

于是，哲学家们出手绑架了图灵测试。他们认为，与人类同等的智能应该包含意向、意识、意志这些内容。没有它们，认知何来？不能自知，无法自决，谈何智慧？

著名哲学家约翰·塞尔（John Searle）把拥有意向、意识、意志的机器智能叫作强人工智能（strong AI），而没有这些，只会计算、推断和解决具体问题的机器智能叫作弱人工智能（weak AI）。

在图灵测试的基础上，哲学家们提出了新问题：假设机器通过了图灵测试，那么它是否已经获得意向、意识、意志，拥有强人工智能？

这个问题没法直接回答。到今天还没有一部机器通过图灵测试，也没有一部机器获得强人工智能。现有的所有人工智能都是弱人工智能，就算阿尔法围棋能这般碾压人类围棋手，也一样是弱人工智能。

既然让人类无法辨别是机器还是人的机器还不存在，那么，想穿透图灵设下的隔离屏障，去到无知之幕的另一侧，去拷问那个东西是不是掌握了人类智慧，就是个不可能的任务。

这没有难倒哲学家。

会做思想实验的又不止图灵一个，实际上，哲学家倒是思想实验的鼻祖，从柏拉图以来，思想实验就是他们主要的思想工具。

塞尔构造了一个精巧的思想实验，同时也是图灵测试的一个变形，叫作中文屋子（Chinese room）。

中文屋子的精巧之处在于，塞尔自己充当了图灵测试中被测的机器这个角色，而他确切地知道自己这部机器没有人类智能，于是难题解决。

具体如下：

想象一间屋子，里面有一个人，就是塞尔自己，还有一沓纸、一支笔和一张中英文对照表。

人从门缝里塞进字条，上面是用中文提的问题。塞尔用对照表查出与其对应的英文问题，给出英文答案，再用对照表查出对应的中文，抄写在字条上，塞回门缝。

回答完美无缺，屋外的人无法分辨屋里的是人还是机器，于是通过图灵测试。

屋内外通过字条进行的整个对话应答过程尽管完美，但不存在理解（understanding）这回事——塞尔自己完全不懂中文。

通过将自己置换到机器人的角色，塞尔看到了机器人的"内心"。测试结束，他穿越回来，恢复哲学家身份，告诉大家那部通过图灵测试的机器其实并没有智慧，因为他自己就是那部机器！他确切地知道自己不理解中文，屋子里的其他所有东西，纸、笔、对照表，也没有一样有"理解力"。中文屋子里没有理解力，只有单纯的计算（computation）。

塞尔认为，没有理解就没有意向，也不会有真正的思维，更没有意识、意志这些层层递进的高级人类智慧。他宣布，中文屋子思想实验说明，哪怕通过图灵测试，机器也还是机器，不会拥有与人类同等的智慧，最多只是貌似而已。强人工智能不可能只通过计算获得，它有赖于大脑还未揭开的某个特殊机理。

塞尔的中文屋子成为当代讨论最多的思想实验。这件事的本质是这样的：哲学家先给图灵测试增加了一个强人工智能的靶子，然后宣布击败了它。这并不太公平，但人们还是长出一口气，没有看到机器成为人上人。

高兴得太早。再来一个思想实验。

如果你想亲眼看到一亿年后的地球，现在能想象的唯一办法是休眠。你爬进休眠舱，然后在一亿年后醒来。

可是，问题没这么简单。休眠舱需要经受一亿年的考验，要保证能源供给不断，要经得起环境灾变，万一受损还得自我修复，数不清的考验它都得能应付，否则你就再也醒不来了。

找个最理想的位置，有维系休眠舱所需的所有资源，然后固定在那里。行不行？

这不算好办法，一亿年间，地震、海啸、陨石撞地球都可能发生，这么长的时段中，想想就知道没法靠谱地预测风险如何降临。千年一遇的事情每天都在发生。不然，福岛核电站怎么会出事故？

未来无从预测，那怎么办？

制造一个能感知环境、回避风险、寻找资源的机器人，把休眠舱放进去。

说到这里，你应该明白点了。不动和能动，是从自然界复制而来的两个策略，前者是植物，后者是动物。

要求机器择机而动，你一开始给它下达了指令"让我活着"，然后便沉睡一亿年，不再给它临场指导。你的机器人必须能够自己制定策略，"知道"如何去寻找资源，如何转移到安全地带，如何预判和回避风险。

这些你不可能都提前想到，就算想到一部分，你也不能事事都提前准备，你准备不起：所需资源太多，太笨重，更不能适应环境变化。

挑战不止于此。未来一亿年不会只有你的那个机器人，可能有许多机器人，彼此竞争、合作。你的机器人得具备合纵连横的能力。需求层层嵌套。

如果你的机器人最终不辱使命，将你保存到一亿年之后，那么它多半发展出了自运行的能力。你在休眠中，不能实时控制，机器人在保存你生机的最终目标下，会根据环境变迁，自己衍生出许多次生目标。这是天大的事：衍生就意味着脱离，脱离当初的目标。

不忘初心，何其之难。允许机器有相机决策自主权，那么自主决策的进程会超越你的预想范围，这就叫失控。

讲到这里，你应该明白了，这个故事中的机器人就是人类自己。在演化过程中，基因创造出人类来做它们的机器人，以保护它们在人类身体深处漫漫休眠。人类是基因为了自己的生存而造出来的机器人，但在基因不得不让渡的自主决策空间中，人类演化出了自由意志。我们作为人的利益，与"造物主"基因的利益，出现分歧。从基因赋予人类学习能力、授权人类自主决策的那一天起，基因失去对人类的控制，人类自立，就成为注定的结果。

一言点醒梦中人。既然人本来是机器，机器何尝不能是人？

亿年机器人这个思想实验，来自丹尼尔·C.丹尼特（Daniel C. Dennett）的《直觉泵和其他思考工具》（*Intuition Pumps and Other Tools for Thinking*）一书。丹尼特是现代进化论科普大家，也是最具科学家气质的哲学家。在机器智慧与人类智慧的大辩论中，他的看法与塞尔针锋相对。他认为，不需要什么神秘的大脑特殊机理，运算层层嵌套，足以涌现出与人类相当的智慧，因为人类智慧不外乎如是。在塞尔的中文屋子里，塞尔这个人、纸、笔、对照表，没有一样"理解"中文，那也没关系，"理解"从所有这些东西构成的整体中涌现出来。

塞尔和丹尼特针锋相对，现在没法说哪个看法对。有数据的地方，数据说话；没有数据的地方，故事说话。现在没有数据，只能看你喜欢哪个思想实验多一点。我自己更喜欢丹尼特的，强烈推荐《直觉泵和其他思考工具》这本书。直觉泵即思想实验，没有数据的地方，我们从公认的直觉开始做思想实验，看它将我们带到何方。丹尼特首创直觉泵这个名词，又恰是从批评塞尔的中文屋子思想实验开始的。

这本书既是一本哲学书，又是一本探索怎样才能更好地思考"怎样才能更好地思考"这件事的书，由数十个精巧的思想实验及其工具组成，用被进化论武装到牙齿的认知理论打磨你自己思想的利齿。正如丹尼特所说，直觉泵，即思想实验，既不像诗那样松散，又不像数学那样系统。析妙理于毫芒，它们是思维的手工工具。在前沿之地，思维的工匠仍有一席显要之地。

不被命运无常所伤害

人们想改变世界，斯多亚主义者想改变自己。

"我必然会遭遇负义、无礼、背信、恶意和自私自利之人——我以提醒自己这句话开始每一天。"

说这话的是马可·奥勒留（Marcus Aurelius）——罗马皇帝，当时全世界最有权势的人。

奥勒留少年时期曾追随犬儒主义（Cynicism），穿布衣，睡地上，拒绝享受，但不得要领。偶然得到爱比克泰德（Epictetus）的课堂答问集，获得大启发，转而追随斯多亚主义（Stoicism），成为罗马最后一个伟大的斯多亚主义者。

奥勒留是罗马帝国五大贤君的最后一人，在他之后，罗马的荣光只剩余晖。他执掌大权数十年，但没有被权力败坏。罗马历史学家卡西乌斯·狄奥（Cassius Dio）说，从进入权力核心到死于王座，奥勒留几十年间始终是同一个人，没有任何改变。

奥勒留也是第一个和最后一个柏拉图所期待的那种哲学王。

作为一个斯多亚主义者，他本无意向他人布道，而把所思所想记在日记里，原题是"致我自己"，后人改名《沉思录》出版，留传后世，成为斯多亚学派的经典著作。

斯多亚主义不是贵族的专利，谁都可以追随。奥勒留的精神导师爱比克泰德出身奴隶。罗马四大斯多亚主义者中的另外两位，塞涅卡（Seneca）集剧作家、银行家、政客于一身，穆索尼乌斯·鲁弗斯（Musonius Rufus）则终身执教。他们出身不同，背景迥异，各有境遇，在斯多亚思想里找到了理想人生的模板，那就是内心宁静。

斯多亚主义是教人怎样过好这一生的学问，源自希腊。学派得名自 Stoa Poikile，指雅典中心广场北侧的绘画长廊，创始人季蒂昂的芝诺（Zenon of Kitieus）经常在这里给门人讲课。

人心唯危，道心唯微，如何过好这一生？那是公元前 300 年，也就是苏格拉底在同一个广场上被审判近 100 年之后，希腊城邦的政治、军事已衰落，但学风大畅，诸子争鸣。一个极端是享乐主义，花开堪折直须折，珍惜眼前，让欲望飞；另一个极端是犬儒主义，荣华富贵皆浮云，唯有弃绝物欲，才能得到真自由，破衣敝屣，以地为席。那个让亚历山大走开别挡住阳光的第欧根尼（Diogenēs），就是一位大犬儒。这两派，一派玩世，一派弃世。

斯多亚主义既不像犬儒主义一样弃世，也不像享乐主义一样沉湎物欲。斯多亚主义主张物物而不为物所物，既享受现实美好，又洞察其转瞬即逝。人生应追求有德性（virtue）的生活，并等待命运女神的垂青。尽人事，知天命。所谓德性，就是成为我们所应当成为的那种人。至于应当成为什么人，斯多亚主义自有套说法：饥餐渴饮，父母、兄弟、朋友、家邦，职责一个也不能少。什么也不能阻止一个斯多亚主义者履行职责。诚意、正义、格物致知、修身、齐家、治国、平天下，中国人也有类似的良好生活模板，不同的只是对无常略少了点敬畏。

斯多亚主义推崇理智，因为唯人有理智，要成为应当成为的那种人，就要让理智主导我们的生活。"只有理智能使我们停止流泪，命运是不会让泪水停下来的。"一个斯多亚主义者曾如此安慰陷入丧子悲恸的友人。

也许只有另一个斯多亚主义者才听得进这劝慰。

斯多亚主义从希腊传入罗马，获得了极大成功。第一批罗马斯多亚主义者中就有小西庇阿（Publius Cornelius Scipio Aemilianus Africanus），不世出的罗马名将。他继承父辈之志，彻底毁灭了宿敌迦太基（Carthage），与父亲一样赢得"非洲征服者"的尊号。此后 300 年，罗马名将、哲人、作家、政客，往往都是斯多亚主义者。斯多亚主义者既入世又出世，两者和谐共处一身。无独有偶，在亚欧大陆的另一侧，在名教与自然的分合辩驳中，中国人也做出了决定：名教即自然，大隐隐于朝。

罗马人改造了斯多亚主义，把内心宁静放到极高的位置。对罗马人来说，宁静与德性同样重要，并相互关联：德性完备则宁静降临，内心免于一切负能量；反过来，内心宁静才能追求德性。

理想的罗马斯多亚主义者这样生活：享受美好，追求事功，但绝不沉湎其中，洞察一切去日无多。如果荣华富贵转瞬间被夺走，那是命也运也，丝毫不能动摇斯多亚主义者的沉着与泰然。无忧无惧，无嗔无念，内心宁静。当然，宁静不是弃绝所有情绪，而是弃绝负面情绪，不为愤怒、悲伤、焦虑、恐惧所动，得大喜悦。

要做一个斯多亚主义者，你得会这些功夫：

第一，总是设想最坏情形，假设一切已被命运夺走。

设想最坏情形，这件事本身就是对命运无常的减震垫。厄运对那些以为前面只有好运的人冲击最大。珍惜生活，但时刻自省，洞察美好终将逝去，专注从当下获得快乐。

想象你已经失去一切，亲人、朋友、财富、生命，然后睁开眼睛，珍惜当下。这是最重要的斯多亚心理学，它一再被证明有用。灾难来临时，最先崩溃的总是乐观主义者，因为乐观在惨淡现实面前会碰得粉碎。斯多亚主义者就不同，灾难来临对他们来说只是符合预期。习惯于预设最坏情形，才能在绝地获得坚韧和勇气。

一位妇人，三年仍不能挣脱丧子之痛，塞涅卡劝慰她：我们拥有的一切都是从幸运女神那里暂借而来的，随时不经提示就会被收走。"爱我们所爱，但要知道我们所爱的都如朝露。"

后世有人说过类似的话，罗曼·罗兰（Romain Rolland）说："真正的勇气是知道生活的真相，却仍然热爱生活。"他肯定是个斯多亚主义者。

第二，控制能控制的，无法控制的要放手。

什么是我们无法控制的？环境。什么是我们能控制的？我们对环境的态度。斯多亚主义者将一切环境因素内化成自己对环境的态度，将一切得失之源都归于自己，放下对无法控制之外物的忧惧焦虑。爱比克泰德说，人们想改变世界，斯多亚主义者想改变自己。

第三，对抗命运对未来的安排，但接受已成现实的过去与现在，仿佛它是宿命。

斯多亚主义的宿命论针对过去与现在，因为它们已成事实，不可改变。既然无法改变过去和现在，何必枉自悲叹？不要幻想，不要反复思量，假设当初怎么样会如何，不要把情感、精力、资源浪费在这里，更不能让其摇动内心。

第四，克己。

假想最坏情形可能发生之外，斯多亚主义者会再往前走一步。塞涅卡说，有时得按照最坏情形已经发生的那样去生活。光假想失去全部财富还不够，还要时不时真正过苦日子，给自己主动制造苦难，忍饥挨饿，雨雪交加。跟犬儒主义不同，斯多亚主义不追求自虐。他们并不从受苦中收获快感，只是为了更好地感受生活的甜美。推崇克己，是为了获得意志力、勇气和自制力。

第五，反思。

斯多亚主义者也三省吾身：今天改正了什么？今天抵制了什么？今天有什么进益？斯多亚主义者入世，积极参与生活，但集参与者与旁观者两个角色于一身，一边作为，一边又观察自己的作为，并按斯多亚准则来评估：

你有没有设想过最坏情形？

有没有区分能控制与不能控制的事情？

有没有内化目标？

是否沉湎于过去，而忘了注视未来？

有没有克己？

对一个斯多亚主义者来说，死亡是终极测试。一个标准的斯多亚主义者坦然接受突然来临的死亡，因为他每一天都是向死而生，因此已经过了自己想过的一生，随时可死。斯多亚主义者不会觉得被死亡所欺骗。

塞涅卡自己是这样死亡的：他的学生、罗马暴君尼禄（Nero）令其自杀。门人弟子为之流泪，他则提醒大家记住我们都是斯多亚主义者，然后割开手腕。由于年事已高，血流过慢，他命仆人将浴缸放满热水，躺在里面，平静死去。

推荐一本书,《像哲学家一样生活:斯多葛[1]哲学的生活艺术》(*A Guide to the Good Life : the Ancient Art of Stoic Joy*)。作者威廉·B. 欧文(William B. Irvine)是位哲学家,但人到中年才找到斯多亚之道。他从希腊、罗马留下来的斯多亚经典中,梳理重构出一套斯多亚修行的现代法门。

现代人做斯多亚主义者有什么用?

有些难题是亘古不变的,在无常世事中,在侮辱、焦虑、灾变、老去、死亡面前,无论你是罗马人还是现代人,都想获得内心的宁静与喜悦。

公元 180 年,罗马最后一位贤君奥勒留得病,拒绝进食饮水,平静死去。他用自己选择的方式死去,像一个标准的斯多亚主义者那样战胜了死亡。

1　斯多葛,即斯多亚的另一译法,目前中国大陆通行译法为"斯多亚"。

上一代总是像弱智

人类智商发生普遍显著提升这件事，在绝大多数国家都还没有停下来的迹象。

说错一句话，好好的哈佛校长就做不成了。

多年前，当时的哈佛校长拉里·萨默斯（Larry Summers）跟一群教授谈起为什么女性科学家比例低，提出一个注定令他后悔的假说：

是不是因为女性科学家的智商标准差比较小？

萨默斯是著名的高智商分子，经济学家、财政部部长、哈佛校长，年少得志，一路春风得意，直到这句关于智商的话捅了马蜂窝。哈佛教授揭竿而起，群情激愤，指责他歧视女性。纷争经久不息，萨默斯最后辞职了事。

是萨默斯错了，还是哈佛讲政治正确过了头？

得从智商说起。

显然有些人比另外一些人聪明，但怎样比较人与人的智力？

心理学家发明了一套标准化智力测试，得分换算成智商。智商很能说明人的智力水平，基本上是智商高的人智力也高，反之亦然，而且智商与人的职业成就、收入高低、学术水平明显相关。

智商平均是 100，一个标准差是 15，这意味着全社会所有人当中，约三分之二的人智商在 85～115 之间，高于 130 的是天才，低于 70 的是弱智，100 人当中都只有两三个。

萨默斯的话的意思是，男性和女性的平均智商也许没差别，但也许女性智商的标准差比男性的要小。也就是说，相对男性而言，女性的智商更加扎堆在 100 附近，低于 70 的少，高于130 的也少。潜台词是，哈佛当然不会有弱智了，智商高于 130的天才多的是，而这些人中，男性会多一些。

表面上看，这几乎是个学术问题，用得着那么大惊小怪吗？哈佛教授们是不是讲政治正确讲到连正常的学术讨论都不能容忍了？

实际上，也许萨默斯真的不知道，但他确实触碰到了男女平权的核心问题。他要是早读过詹姆斯·弗林（James Flynn）的书《我们在变聪明吗？》（*Are We Getting Smarter*？），也许就不会灰头土脸地下台了。

书里问道："如果男大学生智商比女大学生智商高，那么能不能说男性智商比女性智商高？"

对此有两个相互竞争的假说。第一个假说是两性智商一样，女大学生智商略低于男大学生的原因是大学录取女生的智商门槛较男生略低；第二个假说是男性智商略高。两者都能解释为什么大学里男生的平均智商高过女生这个现实，细节是一堆数字，不展开了。有趣的是，在第一个假说下，如果两性智商一样，那么对应的是大学女生智商的标准差会大过男生；而按第二个假说，男性智商优越，则大学女生智商的标准差比男生小。

所以，胡乱猜测女性智商标准差小是经不起推敲的，萨默斯想用一个聪明的方式谈论两性智商，却贸然触碰了禁地。

智商测试本身是一门经验科学：请答题，是多少就是多少，没什么好讲的。但谈论智商遍地是雷，不信试试跟你旁边的人说他智商欠费会有什么后果。更何况，学者不关心个体智商，涉及的要么与种族有关，要么与性别有关，要么与发展程度有关，处处都是雷区，随时爆炸，萨默斯折在这里不冤。更何况，哪个是因，哪个是果？是因为智商偏低导致某些群体的弱势，还是因为这些群体的弱势导致了智商偏低？

靠谱同时审慎的态度是承认智商在不同人群中的分布现实，但在有充分证据之前，不要贸然归因。这也是美国心理学会的态度。他们于 20 年前发表著名报告《智力：已知与未知》（ *Intelligence : Knowns and Unknowns* ），承认黑人与白人智商的差别，但认为没有证据说明差别是来自基因还是来自环境影响。

《我们在变聪明吗？》这本书不容易读，但要是能啃下来，你会大开眼界。举个例子：美国大学里的华人学生越来越多，是因为华人智商高吗？

华人在美国精英大学里所占比例早就远远超过了总人口比例。比如说，20 世纪 70 年代，华人占美国总人口的 2%，但华人学生占到哈佛学生的 14%，斯坦福学生的 16%，麻省理工学院学生的 20%。这是因为华人智商高吗？

不是。对美国中学生的研究发现，华人学生与白人学生相比，智商没有差别，差别在努力程度。华人学生勤奋得多。勤奋的作用还可以量化：与白人中学生成绩相当的华人中学生，其智商可以低对方 7 个点，例如，某年度加州大学伯克利分校录取新生时，处于录取线上的华人学生的智商比白人学生低 7 个点。

勤能补拙，中国人说到底靠勤奋。

顺便说一句，全世界智商最高的人群确实是华人，但不是美国华人，而是新加坡华人。其平均智商高达 114，比全世界平均值几乎高出一个标准差，整体赢在起跑线上。

弗林是首屈一指的智商研究专家，著名的"弗林效应"就因他得名，虽然不是他第一个发现的，但他进行了最为系统的研究。他的研究表明，过去 100 年来，全世界人们的智商都在变得越来越高。下一代人比上一代人智商更高，既发生在发达国家，也发生在发展中国家。

以美国为例，平均每年智商上升 0.3 个点，已经持续了 50 年，虽略低于全球平均水平，但已很惊人。相当说，如果 100 年前的美国普通人穿越到今天，其智商比今天的美国普通人低

30 个点，基本是弱智。反过来说，今天的美国普通人穿越到 100 年前，哪怕没有携带任何现代知识，单凭一个大脑，就已经跨进了天才的门槛。

更惊人的速度来自荷兰，从 1952 年到 1982 年，荷兰人的智商 30 年增长了 22 个点，平均每年超过 0.7 个点。当然这只维持了 30 年，但大多数国家在其人口智商增长的峰值期都超过每年 0.6 个点。

生活在大陆的中国人，智商进步相比较不算大。早些的研究发现，从 1936 年到 1986 年的 50 年间，中国城市人口智商增长了 22 个点，平均每年是 0.44 个点，并不特殊。另一项针对 5~6 岁中国城市儿童的近期研究发现，从 1984 年到 2006 年，这个人群的智商年均增长只有 0.206 个点。也许是因为中国人智商的起点已经不低？现在是 105。

人类智商发生普遍显著提升这件事，在绝大多数国家都还没有停下来的迹象。

为什么会有弗林效应？

有研究认为，对发展中国家人口的智商影响最大的是寄生虫，消灭寄生虫的进展与智商提升的相关性很高。也有研究认为，最重要的是营养，营养改善则智商上升。弗林看法不同，他认为这些单一因素本身都不充分，也能找出反例。比如在某个饥饿年代出生的荷兰人，其智商居然高于非饥饿年代出生的荷兰人。他认为智商提升的终极原因是工业化，而起作用的是工业化带来的社会整体变化：更普及的学校教育，日常工作乃至生活对认知能力的要求提高，家长与孩子在一起的时间更长，等等。

更重要的是，尽管两者高度相关，但是智商不等于智力。

我们必须认识到，智商本身就是一个测试的得分，我们真正关心的是智力本身，特别是一般智力（general intelligence），简称 g。什么是 g？如果一个人做某件事很行，但做另外的事不行，那么他只是擅长做某件事而已，人不见得聪明；但如果他做这件事行，做别的事也行，那么他多半比较聪明，或者说，g 值高。同一人在不同任务中的表现有一半左右可用他的 g 值来解释。

其实，没有谁是天生的音乐家、棋手、数学家，或者其他。原因很简单，这些技能出现得太晚，时间太短，进化还来不及重新搭建专门的大脑回路。所谓天生的音乐家、棋手、数学家，他们是有天生的高 g 值，但不是注定只能在特定的领域里成功，换个领域，同样努力，他们一样成功。

智商测试跟 g 很相关，测的主要是 g，而智商高的人确实通常智力也高，但弗林效应恰好说明，智商不等于智力。智商测试有多个模块，对一般智力的要求有差别，有的高，有的相对低。分解弗林效应，发现它主要发生在对一般智力要求不太高的模块里，而对一般智力要求较高的模块影响很小。

智商研究界由此分成两派，一派认为百年来人类智商涨分没有实际意义，因为一般智力没有变化。另一派，就是弗林自己代表的这一派，则这样说：

我们是不是比前辈聪明？如果问题是"我们出生时的大脑是不是比祖先的更有潜能"，那么答案是"否"；但如果问题是"我们是否比祖先面对更宽广的认知挑战，并发展出新的认知技巧以应对这些挑战"，那么答案是"是"。

举个例子。人类顶尖选手的百米短跑水平早已突破曾被认为是天堑的 10 秒大关，障碍跑成绩却只略微提升，跳高成绩则几无变化。人的体质没有发生任何重大变化，只是社会更重视百米跑成绩，训练和提高的正反馈主要发生在百米跑上。但是，难道说只要人的体质没有发生重大变化，这些就没有意义吗？当然有，否则怎么会有人关心谁是世界飞人。

同样，智商提升的那些测试模块，对应着人们抽象能力的提升。几代人之前，人们更习惯于将抽象概念映射到具体对象上，而较少围绕抽象概念展开思维；今天则不然，对抽象思维的训练和挑战，远不只是在学校课堂上，早已渗透到社会与家庭的所有方面，学习、工作，乃至娱乐。电影、电视和电子游戏也是这一代人智商提升的重要环境因素。几十年前的经典电影，回头去看，常常会觉得太幼稚；我偶尔回头去读日本围棋黄金年代六大超一流棋手的棋谱，往往惊讶于其水平之低，与记忆中初次读到惊为天人的感觉对比强烈。

所以，代沟是真实存在的，不是说两代人如何调节对对方的态度就能化解，它坚实地存在于代际的认知能力差别中。我

·

们觉得上一两代人像弱智，下一两代人觉得我们像弱智，简直是没有办法的事情。

当然，同样的道理，如果换用年鉴学派创始人、历史学家马克·布洛赫（Marc Bloch）的话说，会温情一些：

一代人是怎么刻画出来的？首先是年纪，这群人比上一代人年轻，比下一代人年长。更直接的是他们的共同经历和影响：他们为同样的事情激动。这并不意味着他们对这些事态度一致，有可能激烈分歧，但共同点是就某些事激动，而上一代和下一代人都不会为这些事激动。

这是没有办法的事。

懂得过去才对未来有想象力

一切皆有可能，没有什么必然；历史不会重复，但总是押韵；人是靠不住的，制度也一样；养成历史感。

几年前，一位美国最大也最成功的对冲基金掌门人到北京，来看一位熟识的中国领导人，给他带来一本书——《历史的教训》(*The Lessons of History*)。巧合的是，他们早年在大学里学的都是历史，都没有把历史学研究作为自己的职业，但显然都从历史中学到了很多，保持着终身的兴趣，并在各自的领域里走到巅峰。

一个郑重送书，一个认真读书，这本书显然对他们俩都触动很深，于是很快出了中文版。你不要以为这本书讲的是什么具体的教训，对现实有何影射。这些都没有，只有阅尽3000年世事沉淀出来的智慧。

书出自威尔·杜兰特(Will Durant)夫妇之手。杜兰特早年在中学任教，写书介绍古典哲人思想，一举成功，获得财务自由。他与学生阿里尔（Ariel）成婚，共同生活 70 年，环游世界，用一辈子写出《世界文明史》（*The Story of Civilization*）11 卷本世界史巨著，晚年拿到美国公民的至高荣誉奖总统自由勋章。

杜兰特夫妇笔耕终生，完成世界史之后，才写了《历史的教训》这本小书，可以说是《世界文明史》的长篇跋文。他们笔力雄健、文风自由、涉猎广博，阅尽世事后，态度从容、通达，充满智慧。这么一对单纯的人，过了单纯的一生，写出来的东西如此通透，只能说真是了不起。他们不一定懂进化论，肯定不知道什么叫大数据，经济学没学过，数学就别提了，但达到的思想深度和广度，跟全都精通后写出来的一样，说明通向智慧的路不止一条，在顶端相通。

我从历史中学到了什么？

第一，一切皆有可能，没有什么必然。

我曾问过耶鲁历史学教授蒂姆·斯莱德（Tim Snyder）：你们历史学家如此熟知历史，能不能更好地预测未来？

他说，我们熟知历史，所以知道一切都有可能发生，无法直视的黑暗、意料之外的光明。不过，知道这些只能使我们更好地解释现实，并不能使我们更好地预测未来。未来没有什么会必然发生，因为不知道哪只蝴蝶会怎样扇动翅膀。熟知历史，使我们知道人这种动物能干出什么事来，使我们对未来更有想象力。普通人要么不够了解历史，要么遗忘了历史，于是失去了对未来的想象力。

第二，历史不会重复，但总是押韵。

这句话出自马克·吐温（Mark Twain）。现在我总算懂得为什么了。

历史不会重复，因为环境始终在变化，社会不是个封闭系统，一次超级火山爆发会使地球进入小冰河期，人类命运就得拐个弯。自然界也不是个封闭系统，甚至地球也不是封闭系统，小行星会撞地球。恐龙灭绝，才有今天人类出头。

历史总是押韵，是因为相对我们所知的人类5000年历史，人性不变。所谓人性，说过千千万，一言以蔽之就是人乃动物，也是唯一试图超越自身的动物，但不是每个人都有可能做到，且无论谁都不总是如此。多少个人试图超越自身，每个人有多大概率超越自身，无从事先确定。我们只是大体知道，最黑暗处会有光明，极光明处黑暗滋生，仿佛在循环，但也只是事后才能确认。

第三，人是靠不住的，制度也一样。

所谓人是靠不住的，不光是说人本来就靠不住，誓言只是说说而已，这只是浅层。更深层是单一策略解决不了人生难题，必须要使用混合策略。一味地保持善意并不能造就大同世界。一味地自我牺牲只会将你作为良币驱逐出市场。圣人不死，大盗不止。同样，一味地榨取叛卖也行而不远。《天龙八部》里的四大恶人没一个有好下场。你得有时宽容，有时严苛；有时忠诚，有时离心；有时为鹰，有时为鸽。至于各占多少，何时做什么，岳飞说，"运用之妙，存乎一心"。没有答案，看着办。

所谓制度是靠不住的，是说制度不能保卫自己，保卫制度还要靠人。而刚刚讲了，人是靠不住的。如果人心离散，士气衰竭，道义受疑，再好的制度也会衰朽，直到筋疲力尽，野心家过来轻轻一推，应声而倒。

冷战于 20 多年前结束时，弗朗西斯·福山（Francis Fukuyama）断言历史终结于自由民主宪政。事实证明并没有。福山之错不仅在于预测错误，还在于误读历史。历史不像福山，也不像福山所服膺的黑格尔（Hegel）所判断的那样，朝一个方向线性或者螺旋上升。历史只是貌似有方向，貌似走螺旋，却时常垮塌。

人心、民生、气力，制度的生命力说到底要取决于这些，而它们并不永固。罗马帝国衰亡时，它仍然拥有那时世界上最好的制度。

第四，养成历史感。

历史上有那么多黑暗与丑陋，总要清算，如何清算则没有公认的好办法。

纳尔逊·曼德拉（Nelson Mandela）与种族主义决战到底，但选择与种族主义的过去和解，而和解必须基于真相大白，就是必须彻查历史，洞察真相。但清算则要克制。曼德拉在真相与正义之间做出现实选择，让历史重新浮现出来，又让过去的过去，避免撕裂失控。

这个选择现实、有用，但它正义吗？

许多人认为并不。那些要求将耶鲁大学卡尔霍恩（Calhoun）学院改名的师生认为，将约翰·卡尔霍恩（John Calhoun）的名字拿去，拒绝继续给这个既是 19 世纪著名政治家，同时又为蓄奴辩护的人以荣耀，才是唯一正确的选择。他们的目的达到了，耶鲁换掉了他的名字。

对政治正确，我抱有深深的敬意。人是试图超越自身的动物，政治正确就属于那试图超越自身的部分。不支持自我超越这部分，难道去支持动物那部分？那部分根本用不着支持，永远都在。超越自我则是脆弱的，随时会在冷酷现实前摔得粉碎，需要支持的是它。

但说完这些，我更想提醒一件事，就是历史感。

如果把历史看作一条曲线，横坐标是时间，纵坐标是成就。那么，在普通坐标的视角中，会以为几乎所有成就都发生在最近 100 年，也许甚至是最近 30 年，哪怕只回溯一二百年，那条曲线就仿佛还在地上爬行。

这样以今视昔是视觉误差。应该用的是对数坐标。每一个老资格的金融投资者都会告诉你，股价不是最后几天才涨到天上的，就如同不是最后一个馒头才能对付饥饿。在对数坐标系里，历史才会呈现出"本来"面目，也就是在历史上活过、挣扎过、死掉的人们，在当时所面临的约束下所取得的成就。

置身于对数坐标系中，你会想，如果你是历史上的他们，处于他们所处的时空，面对他们所面对的现实，你能不能做出更好的选择？这就是历史感。历史感在绝对值坐标系中不存在。

最后，给大家看一段《历史的教训》中的话：

"我们今天所传承的遗产比此前任何时候都更为丰富。它比伯里克利的丰富，因为包含了他以后的希腊文化精华；比达·芬奇的丰富，因为包含文艺复兴的其他巨匠；比伏尔泰的丰富，因为包含了全部启蒙运动的结晶。如果历史有进步可言，那不是因为我们生下来时比前人更健康，更美好，更聪明，而是因为我们降生于更丰厚的遗产之中，被更高的底座托起，以此前知识和艺术的全部成就为基，随着它上升。所谓历史，就是这遗产的创造和记录，而所谓进步，就是它的拓展、保存、传承和使用。过往不再只是一连串的灾难记录，历史学家也无须悲叹在人类存在中无从找到意义。"

只有我们自己能赋予历史以意义，如果幸运，我们偶尔还能超越死亡。

方法工具

你能达到任何目标

达利欧的五步成功路径与波利亚的四步解题法，步骤相似，精神实质一致。贯穿两者始终的，是直面真相，坦然面对短板，缜密计划，扛住挫折，反复训练，重视反馈。

有一种简单、靠谱、稳定地解决问题的方法，叫作四步解题法。

第一步，彻底理解问题。

问题既不能太难，也不能太简单。你不要迎难而上，主动去找太难的问题，也不要随遇而安，专找自己会做的问题。为了确保真正理解问题，你最好把问题用自己的话换成各种形式反复重新表达。无论怎么重新表达，都别忘了要指出问题的主干：要求解的是什么？已知什么？要满足哪些条件？

第二步，形成解决思路。

这一步的关键是获得好思路。你过往解决问题的经验、已经掌握的知识，这些是思路的来源。你要问自己：有没有解决过与当前问题相关的问题？当时用的办法现在还是否适用？要不要做以及做哪些调整？如果思路始终不肯降临，你就试试改变这个问题的各个组件：已知、未知、条件，逐一替换，直到找到与之相似而你又解决过的问题。

第三步，执行。

获得思路需要知识、良好的习惯、专注力，还有运气，执行它就相对简单，主要靠耐心。要反复提醒自己：每一步都要检查。检查有两种，一种是直觉，一种是证明，两种都有用，但是两回事。直觉是问你自己，这一步是不是一眼看去就是对的；证明是问你自己，能不能严格证明这一步是对的。

第四步，总结。

绝不能解决完问题就了事，那就浪费了巩固知识和提升技巧的机会。你再检查一遍论证过程，尝试用另外的方法解题，寻找更明快简捷的方法。还要问：这次的解法能否用来解决其他问题？主动制造反馈，抓住举一反三的机会，总结是最好的启发时刻。

上面的四步解题法来自《怎样解题：数学思维的新方法》（*How to Solve It：A New Aspect of Mathematical Method*）一书。它出自大数学家 G. 波利亚（G. Polya）之手。在成名之前，波利亚曾经是中学数学老师，学生当中有约翰·冯·诺伊曼（John von Neumann）。波利亚在数论上有诸多成就，但随着时间流逝，最为人们所记住的还是这本书，它面向师生，讲如何解数学题。

今天数学界著名的天才人物陶哲轩，小时候曾经用它来准备奥数比赛。

这本书不仅适用于天才，也适用于常人，总销量过百万册，有 17 种语言版本，是有史以来最畅销的数学书。

我读后有两大感想：一是如果当年我的数学老师用过这本书，我的数学不会像现在这样差；二是这套四步解题法是普适的。波利亚说适用于中学生，也适用于大学生，无所谓，只要是学数学就行。我觉得不止于此。与四步解题法相对应，有个完整的提问清单。波利亚本来假设由老师来提问，并启发学生找到答案。但即使没有老师，只是你自己一人，面对的不是数学题，而是种种人生难题，四步解题法及问题清单也极有价值。它适用于无数其他情境，帮助每个人寻找各自问题的解决之道，不论它是什么问题。

在理解问题阶段的问题清单是：求解什么未知数？已知什么？条件是什么？条件充不充分？但凡能画图，一定要画，把条件分解成各个部分，把问题用自己的话重新讲，反复讲。

在构思解题思路阶段的问题清单是：以前有没有见过相似或相关问题？以前用过的方法这次是否适用？不相似的地方是否需要引入辅助假设？条件有没有用足？能不能构造比现在更简单一点的问题，先解决简单的？如果微调已知数、条件，甚至改变求解的未知数，能否找到解题线索？

在执行解题思路阶段的问题清单是：每一步都检查过了吗？

能看出来这一步是对的吗？能证明这一步是对的吗？

在回顾总结阶段的问题清单是：结果检查了吗？论证过程检查了吗？能否用另外的方法推出结果？能否将方法用于解决其他问题？

波利亚认为，这些问题清单必须要系统、自然、明显、符合常识，防止打断形成思路的进程；必须要反复问，把它内化成肌肉反应；必须要有一般性，不仅适用于眼下的问题，还能适用于所有情境；必须要从一般性问题逐渐引到具体问题，激活思路，再回到一般性问题上来，如此反复迭代。这样才能为练习者指出思考的方向，同时又留下足够的努力空间。

波利亚四步解题法及提问清单应用了启发式学习法（heuristics）。启发式学习法起源于古希腊科学家阿基米德那句著名的"Eureka!"（我找到了！），传承至今。它不保证完美结果，看重实用性，是发现、解决问题并从中学习的经典方法。虽然数学在人类知识中最接近纯粹的演绎学科，但数学发现的过程，以及我们学习数学的过程，是从反复试错的试验、归纳、总结中演进的。

启发式学习，简单但不容易，本身不是秘诀，一看就懂，照方抓药绝对管用，却必须艰苦修炼才能有所成。

瑞·达利欧（Ray Dalio）成功靠的是一个非常相似的策略。他28岁创立桥水基金，是近年极其成功的对冲基金之一。这里介绍他的五步成功路径，跟波利亚的四步解题法异曲同工。

一般说要成功，则天赋、运气、努力缺一不可，达利欧说不是这样的。他认为成功对天赋的要求不高，是人都达得到；运气不过是托词；成功只取决于努力，而努力这件事讲道理并不难，在乎每个人的选择，就看你选与不选。

达利欧说，要达到目标，只需要五步：

第一，设定目标；

第二，发现通向目标的障碍；

第三，诊断问题所在并制订计划；

第四，列出解决问题的任务清单；

第五，坚决执行任务。

然后，这五步反复迭代。

达利欧强调必须分步执行。设定目标就是设定目标，不要去想能不能完成；诊断问题就是诊断问题，不要去想如何解决。以上五步，每一步对能力的要求是不同的，一般人不可能都具备。怎么应对自己的无知，要比自己已知多少重要很多。管理自己的无知，首先要接受自己有短板，然后要想怎么补短板，能学习就学习，更重要的是要保持开放，寻找比你强的人，从他们那里学习。最后，能否达到目标完全是自己的事情，无论环境如何，承担责任的只有自己，没有任何借口。

设定目标时，不考虑能否达到，有助于使你设定一个真正想达到但目前有可能不敢去想的高远目标。而这又隐含一个信念：你得相信自己能达成任何目标，哪怕你定目标时对如何达成毫无头绪。达利欧自己是这么想也是这么做的：只要反复迭代前面的五步努力法，无论多么高远的目标，迟早都会进入你的射程。

面对无休无止的前路，如何管理自己？要成功，得有两个"我"。做决策的是"我"，这些决策决定能否实现自己的目标；"元我"则一直在看着"我"，是设计者、监控者、评估者。这个身外之"我"，最重要的就是对"我"必须要客观。"元我"思维有助于以客观、抽离的方式来"旁观"困难，以不受制于"我"在困难面前的纠结困扰。

在制订计划的阶段，达利欧强调，要把可能遇到的问题及其应对方法想透，对怎么走到现在、如何走下一步，想象出其展开的全景，好像写电影剧本。把计划写下来，越细越好。它是一个故事，那一头是你的目标，这一头是有待完成的任务。可不要因为忙于具体任务而忘了你的故事，时不时地重温。除了每日的修炼，还有远方。

达利欧的五步成功路径与波利亚的四步解题法，步骤相似，精神实质一致。贯穿两者始终的，是直面真相，坦然面对短板，缜密计划，扛住挫折，反复训练，重视反馈。达利欧说，成功之道就是这么简单，就是做来不易。我想，波利亚会完全同意。

怎样成为合格的写作者

减法式写作把坏作者变成合格作者，加法式写作把合格作者变成好作者。

管理学宗师德鲁克说，人获取信息分两种情况：一种是读者，主要靠阅读获取信息；一种是听者，主要靠倾听获取信息。在美国总统中，德怀特·艾森豪威尔（Dwight Eisenhower）是读者，林登·约翰逊（Lyndon Johnson）是听者。很少有人同时是读者和听者。读、听无所谓高下，不错配就行。你得知道自己是读者还是听者，相应地自我管理。

这是讲输入一端。我看另一端——输出，也分两种人，一种是作者，一种是讲者。作者靠写来输出，讲者说话就行，不是平常对话的讲，是一对多的公开讲授。读与写，听与讲，各是一套组合，各有各的机缘，不错配就行。

输出比输入的难度要高出不止一个数量级，同时精通写与讲的人少而又少。即使是天才人物，如 20 世纪经济学、政治学大家阿尔伯特·O. 赫希曼（Albert O. Hirschman），也选择从哈佛逃走，去往普林斯顿高等研究院。因为他写作一流，讲课却是灾难，在普林斯顿不用讲课。前不久，有朋友对我说，羡慕我会写。我说，羡慕他能讲。我们双手紧握，泪流满面。

中国人重视写作，却很少有可用的中文写作指引。我少年时代读过《文心雕龙》《人间词话》，用四个字来形容——美轮美奂，可看完还是不懂怎么做文章。我获取的写作营养主要来自英文世界的写作指引，从传统经典《风格的要素》（*The Elements of Style*），到《经济学人》（*The Economist*）杂志的写作规范指南，到畅销小说家斯蒂芬·金（Stephen King）的《写作这回事》（*On Writing*），再到威廉·津瑟（William Zinsser）的《写作法宝》（*On Writing Well*）。

英文世界的文法家们一脉相承，看法相通：第一，好文章得清楚、简洁、准确；第二，要把事情讲清楚，所以要多用动词和名词，要少做形容，所以要克制使用形容词与副词；第三，能用大白话说清楚的事情，不要用术语；第四，能删掉的都删掉；第五，写作是手艺活，大量训练最重要，要多写；第六，修改是写作的真正机密，得多改。下笔千言，倚马可待，就算有也是天才的事，你可指望不上。

中国人如我，第一次读到这些，往往顿悟，醍醐灌顶。中国人的写作传统是做加法，具体怎么加就没有指南：文章天成妙手偶得，怎么得的不知道；七宝楼台挥手而就，怎么挥的没看见。

运用之妙，存乎一心。这类见解妙到毫巅，但对凡人没有用。

写作不应只是天才的事。天才可遇不可求。你没法把普通人变成天才作家，但把他变成合格的作者则是可能的。罗丹说，把不需要的那些石头全凿掉，剩下的就是雕塑。英文世界的写作建议亦然，别写没用的东西，别写没必要的东西，别写华而不实的东西，如果写了就全删掉，剩下来的就是合格文章。它有多好，取决于你想说的内容有多好。

减法式写作 + 多写 + 多改，肯定能将你变成合格作者。

不过，除了减法，谈写作还是不能不谈加法。夫子说，质胜文则野，文胜质则史，得文质彬彬才好。知道不能怎么写之外，你还得知道怎么写。

史蒂芬·平克（Steven Pinker）的新书《风格感觉：21 世纪写作指南》(*The Sense of Style：The Thinking Person's Guide to Writing in the 21st Century*) 就是一本专讲做加法的写作书，正面讲怎么写。平克是美国认知科学家、语言心理学家，一流作者。他认为传统写作指南过于拘泥，已经过时，志在以认知心理学的最新成果，系统重理写作指引。本书书名《风格感觉》暗战经典。

英文与中文有别，但人类认知机理则相通，书中大多数写作建议也适用于中文写作，有普适性。

"将网状的思想，通过树状的句法，用线性的文字展开。"平克一句话道尽写作之难，也打开了写作之门。脑海里千头万绪，心中万马奔腾，如何收拢、驯服，化成逻辑严谨、错落有致、有理、有力、有节的文字？

平克介绍了一种写法，叫作经典文体（classic style）。经典文体有这么几个特点：

第一，以视觉为中心来组织叙述结构。视觉在这里是个比喻。作者之所以有话要写，是因为他"看到"了读者还没看到的东西，于是引导读者的注意力，一路看过去，"历历在目"。作者为读者打开窗户，并不直接把真相喊出来，而是呈现出来，让读者自己发现。

第二，经典文体是与读者"对话"，必须始终吸引读者的注意力，别让他走神。好比你对朋友说，我发现了一个有趣的东西，带你去看，把读者带到最好的观察位置，移步换景，渐入佳境。经典文体不是独白，也不是宣言；不是作者情绪的宣泄，也不是单方面宣布宇宙真理。它明快但不直白，不会按部就班地告诉你一、二、三。早起的鸟儿有虫吃，这是直白文体；早起的鸟儿有虫吃，但迟到的老鼠才吃得上奶酪，这才是经典文体。作者写到这里，读者看到这里，隔着时空相视一笑，悠然心会。

第三，注重韵律。好文章必是可读的，不仅是指可阅读，而且指可朗读。意义相近的话，尽可能选上口的那个词；造句时尽可能用短句，如有长句，首先要想如何转换为短句。反过来说，长句不用则已，要用就用到出人意料、有新鲜感为止。如果文章里全是一口气读不完的长句，你早就把它放下了；但如果多是短句，偶尔读到长句，你就会知道这是作者特地给你发的信号，要停下来用心接收。

第四，用词。术语、官话、套话泛滥，不见得是作者故意要隐藏重要信息，而是因为人皆有认知局限。大脑的工作内存只能同时注意三四件事，为了扩展处理能力，只好使用组块（chunking），给信息归类贴标签，反复叠加。这是大脑扩展处理能力的办法，但也给读者理解造成麻烦，作者懂的标签，读者可不一定懂。这不是作者简单换位到读者立场就能解决的，因为作者囿于自己的既有认知，并不知道读者不知道什么。

怎么办？有条件的话，请人先读一遍。你再会写作，也需要个编辑，白居易请老妪读自己的诗，就是此理。没编辑的话，自己朗读几遍，念不通的话，一定有问题。

此外，关于词语的淘汰与传承，传统写作指南太教条，对新词太过苛刻。词语是活的，它每天都在被创造出来，语言都是杂种，没有纯洁性这回事，所以好作者总要留意新词。但另一个事实是新词存活率极低，绝大多数很快死去，经得起时间考验的才能流传。好作者必须对哪些新词能够存活下去有判断，这叫作语感，但无把握，则首选旧词。以我自己为例，每年进入我语汇集的新词不会超过 10 个。

乔治·奥威尔（George Orwell）和温斯顿·丘吉尔（Winston Churchill）都说过类似的话，用新词是冒险，要用就要用得极为贴切，否则不如用老词，因为后者在无数人数百年的使用中早已千锤百炼过。最无聊的是用半新不旧的词，连冒险都不是，就是赶时髦晚了一步而已。我猜"后真相"这个词经得起时间考验，但"神马都是浮云"，已被证明就是浮云。

第五，句法。西方文字是从句套从句，极端情况下一页纸只有一段，一段只有一句话。中文没这么夸张。无论中文还是英文，大脑认知逻辑是一样的。平克说，要先易后难，把最复杂、最难的内容放在句子结尾。先易后难对读者的认知负荷要求最低，让读者面对最难内容时，已经扫清了障碍。

第六，文法。平克称之为连贯性之弧（arcs of coherence）。开宗明义之后，如何展开话题，起承转合，谋篇布局？平克借用大哲戴维·休谟（David Hume）的概念，将连贯性之弧分解为三种主要关系：相似、邻近、因果。所谓相似，就是并列、对比、层层递进这类平行结构，一、二、三、四，综上所述，一方面、另一方面，等等。邻近主要指时间顺序，顺叙、倒叙、插叙中，首选顺叙，它对读者的认知负荷要求最低。因果关系则不只是狭义的因为、所以，平克还把反驳和限制也视作文法中的因果关系，例如除非、尽管、但是，等等。

写作本难事。收拢发散的思维，依次表达为词汇—句子—段落—文章，谈何容易！但它又不是难到不可及，只要训练，必有所成。要把坏作者变成天才作者是不可能的，好在大家不必吃天才这碗饭；要把坏作者变成合格作者，学会减法式写作就行；要把合格作者变成好作者，就要从平克的加法式写作开始。

向哈佛大师学习谈判智慧

谈判不是立场之争，而是利益之争；对事不对人；寻找差别；不比拼意志，不对压力让步，只对道理让步；不反击。

往大里说，人生一切都要谈判，它发生在朋友之间，敌人之间，亦敌亦友的人之间。你有一个立场，我有一个立场。从立场角度看，谈判有硬有软。所谓软，就是我把你当朋友，所以既不想针对人，又不想针对事，目的是和谐，为此不惜签下不平等条约。所谓硬，就是我把你当对手，目的是胜利，只有你让步，没有我让步，既针对人又针对事，施加能施加的一切压力，必须要在意志的较量中胜出。

硬、软两种策略都很常见，往往导向这些结果：

软遇到硬，就是无原则让步，而无原则让步是个滑坡，它不会停在中间哪里，而是会一直滑到底。你无原则让步，不会让对方认为你是个好人，只是给对方发出了"这家伙好欺负"的信号，只好把你吃干抹净。

　　硬遇到硬，就是天雷勾地火，最好的结果是僵局，常常是事也坏了，人也得罪了，彼此只剩下坚强的意志。

　　如果只把谈判理解为双方立场之争，你要什么，我要什么，你要得多，我要得少，最后就只剩下硬或者软两种选择，互相施压，谁承受不起压力谁吃亏，势均力敌就一起死扛。谈成了伤感情，谈不成更伤感情。

　　所以，哈佛谈判大师罗杰·费希尔（Roger Fisher）说，聚焦于立场的谈判是条死胡同，有另外一种谈判法，更体面，更有原则，也更有效。他的《谈判力》(*Getting to Yes：Negotiating Agreement Without Giving In*) 一书是他主持下的哈佛谈判项目的第一个成果，基于对谈判完全不同的认知，激活完全不同的操作系统。

　　他说，谈判不必是彼此的压力测试和意志之争，它可以变成双方共同寻找互利的合理协议之旅。但是，面对面变成肩并肩，这事不会自然发生，它来自对谈判的系统重构。

　　第一，谈判不是立场之争，而是利益之争。

　　利益是真正的驱动器，特定立场只是利益的特定表达方式。同一个利益可以有多种表达。立场不一致并不一定是利益不兼容，有可能只是双方在利益表达上的想象力不够，又或者是表达不足。充分理解各自的利益诉求后，双方不必困死在某个特定的选项上。比如说，以色列的关键利益是安全，而不是某块占领的土地，坚持占领只是个立场，围绕这个立场的谈判容易走进死胡同，围绕安全利益的谈判空间则广阔得多。

更何况，利益还有多重性，有核心利益，有重要利益，有一般利益。好比一盘棋，核心利益是将帅，重要利益是车马炮，一般利益是兵卒，舍卒保车，弃车保帅，困在立场单一维度上会消灭掉这些精彩取舍，好比把一场战争变成一场前线的壕堑战，每一寸进退都死伤惨重。

所以，要与对方充分交流沟通，了解对方的利益诉求，通报自己的利益诉求，洞察这些利益诉求背后的原因、机理和排序，才能打开达成一致的选择空间。费希尔说，你需要头脑风暴，一切都可想象，想象出双方利益诉求兼容的各种可能选择，甚至应该邀请对手参加头脑风暴，共同想象。

第二，对事不对人。

通常如果遇到有人对你说，我这是对事不对人，那么你要小心，他肯定会既对事又对人。通常所谓对事不对人，当事人的意思是我有职责在身，接下来我要对你做的种种事情，都是职责所迫，你可别怪我。It's business, nothing personal.（这只是公事公办，不是出于私人原因。）可以想象，他接下来对你干的肯定不是什么好事。

费希尔所说的对事不对人是真正的对事不对人。双方不是面对面拔河，而是肩并肩，在双方多重利益构成的三维迷宫中，寻找共同接受的选择组合。你们确实能真诚地欣赏对方在寻找中付出的各种努力，也能真诚地提供帮助。

第三，寻找差别。

谈判是取舍，而取舍首先得有差别。无论什么时候，都要寻找与对方的差别，有差别才能达成一致，这是个美妙的悖论。

差别可以是不同利益。你更重视经济利益，他更重视政治利益；你更重视里子，他更重视面子；你更重视物质收益，他更重视意识形态。凡此种种，都是交易的基础。

差别也可以是不同看法。同一件事，双方都完全确信自己是而对方非，表面上看是死结，其实不是，正因为双方都如此自信，所以都会同意将此事交给独立公正的第三方来仲裁，僵局就打破了。

差别也可以是不同的时间观。你看重将来，他看重现在，你们的贴现率不同，那就用他的将来交换你的现在吧。

差别也可以是预测不同。你看好一件事的前景，他不那么看好，那就对赌呗。现在这已是风险投资的标准做法。

差别也可以是对风险的态度不同。同一件事同一个风险，但是你和对方的风险承受力不同，报价也就不同，报价差就是交易机会。

总之，寻找差别，拿你不重视但对方重视的东西，来交换你重视但对方不重视的东西，对方也是一样的逻辑。所有东西双方都同样重视，那就真没的谈了。必须是我之蜜糖，你之砒霜，那才最好。

第四，不要比拼意志，要寻找客观标准。

好了，双方利益彼此都完全清楚了，互利的交换都已找到并完成了，但总会有一些地方，双方的利益诉求针锋相对。前面讲了，谈判不全是零和游戏，所以立场式谈判是错的，但谈判也不全是正和游戏，它总是正和游戏与零和游戏的复合体。正和游戏的空间全部用尽后，还是得面对剩下的零和游戏。它就是分蛋糕，你多分，我就少分。怎么办？

首先，就算到了这一步，也不要比拼意志。拼意志既低效又不会以和平收场，就是走进死胡同而已。

其次，绝不对压力让步，只对道理让步。压力有硬有软，形式多样：威逼、利诱、诉诸感情和友谊，或者就是死不让步。无论面对什么压力，你的反应都该是同样的：拒绝对压力让步，解释自己一方要求的合理性，邀请对方解释其要求的合理性，提出合理划分利益的客观标准，强调自己只对道理让步，绝不对压力让步。

怎么分，你得讲出个我能认同的道理来，讲感情、讲强弱，我不认。

费希尔说，这个道理必须依据客观标准。所谓客观，是指不是由你和对方主观决定的，它来自社会规范、道德、法律、共识，无论来自哪里，关键在于它是外在的、已有的、大家共同接受的一些原则。虽然叫作客观，但它可不止一个，同样有多种可能。它可以是先例。先例的说服力极强，可以说整个普通法体系就是建立在先例的力量上。它可以是分配标准，见者有份平均分配是一个标准，按贡献分配是另外一个标准，按需分配又是一个标准。它也可以是分配程序，比如蛋糕由他来分，你先选。

谈判的诀窍是在多种客观标准中找到对你有利的那一个。当然，你也要准备好对方找到对他有利的那一个。在有原则的谈判中，双方合作寻找最适合当下的那个客观标准。对坚持客观标准要坚决，但在哪个客观标准上达成一致则可以相对灵活。这才是既有原则又现实的谈判术。

第五，不反击。

你总会遇到不讲理的谈判对手，他们攻击你的方案，也攻击你个人，非得让你按他们说的做不可。就算这样，你也不要反击。你不是来置气的，你是来谈判的。攻击、反击是个死循环。你要把对手对你的攻击转化为对问题的攻击，要反过来问他们设身处地会如何应对，要多提问题少表态，甚至要主动邀请对方批评你的方案，反正他们总会批评，而且批评会带来有用的信息。最后，哪怕无话可说，在对方极为不合理的要求面前，沉默以对也是个武器。

你也无须为自己辩解。你应该解释自己的方案有哪些理由，对应着你的哪些利益；问对方有何理由，有没有更合理的兼容方案；如果利益冲突是针锋相对的，则问对方，如果某一方的利益必须凌驾于另一方之上，有没有客观标准支持这样做。除非对方的答复充分、有力、合理，否则你就坚持己见。相反，如果你接受对方的道理，决定让步，做出调整，那么一定要说清楚这是因为基于客观标准，对方的诉求有道理，而不是因为对方施加的压力。如果始终不能达成一致，那么最后你总可以退而求其次，agree to disagree（承认分歧），保留分歧，留待将来。

前面所有这些你都做到了，最后谁会赢得谈判胜利？

总的来说，主张讲道理，致力于与对方一起寻找客观标准的那一方会占优势。你坚定地主张讲道理，并且愿意听对方讲道理，有理、有力、有节，这些合法性将赋予你力量。你拒绝对方武断的不合理要求，总比对方拒绝你的合理要求要容易点吧？

并不是每个谈判都能达成协议，这是现实；但你总是可以在每个谈判中有原则地坚持自己的利益，有道亦有术，这是正确选择。

破解表情密码，看穿谎言

生活中用得到的表情辨谎简明指南。

你坐在密室里，手腕、胸口和额头上贴着电极，对面的人面无表情，声音单调，问题一个个抛过来，桌子上放着一台测谎仪。

不要慌。

你能战胜它。

测谎仪本身其实不能测谎。它用电极测你的自主神经系统反应，间接推导这些反应来自哪类情绪，再根据这些情绪在此时此地出现是否异常来推断你是否撒谎。这个长链条有三节。

在第一节上，它测试你的出汗、心率、皮肤电反应是很靠谱的。这些自主神经系统反应几乎不受高阶的大脑皮层控制，很难作假。如果你没有经过专业的、系统的训练，就不要在控制这些反应上白费功夫，搞不好欲盖弥彰。

从第二节开始，就不一样了。你出汗增加，心率加快，皮肤电信号上升，各自对应着什么情绪？这件事就没有那么靠谱了。与撒谎密切相关的情绪有恐惧，因为害怕被发现；有内疚，因为对撒谎有负疚感；有得意，因为得手后有快感。这些情绪有没有独特的自主神经反应标记？学界没有共识。

第三节——从特定情绪推断是否撒谎，同样松垮。即使发现被测者处于恐惧中，难道就能确定他在撒谎？他可能只是害怕被人以为撒谎而已。测谎仪无法区分害怕的原因。

测谎仪测不准，不过你且慢高兴。

这些弯弯绕你现在知道了，但测你的人专门做这个，早就知道了，而且知道得更清楚。他们发明了很多办法来对付你，千头万绪，归为两大流派。

一派会给你提一个很刺激的问题。

比如说，想要确定你有没有窃取商业机密，他们测谎时会塞进这样一个参考问题："你过去10年有没有未经允许从单位拿过办公文具？"

逻辑是这样的：无辜者和商业间谍对参考问题的反应不同，哪怕他们都感到愤怒——你把我当成什么人了?! 愤怒是预期中的。但是，对商业间谍来说，尽管他对参考问题也反应大，但反应不会大过那个真正关键的问题："你有没有偷单位的商业机密？"对无辜者来说，正相反，他又没偷过单位的商业机密，所以相对而言对维护自己没在单位小偷小摸的声誉更关切。不同的人对两组问题的反应的相对差别，指出撒谎者所在的方向。

另一派会给你提一个只有作案人才知道真相的问题。

还是用商业机密失窃的例子，测试者问你："保险柜密码是123，是不是？"密码确实就是123。

他倒不是指望你傻乎乎地回答"是"，抓你现行。他的逻辑是，无辜者与作案者听到密码123时反应不同。无辜者不知道密码是什么，反应平平；作案者则会反应很大。

知道了这两派手法的概要，你就已经战胜了测谎仪。如果它很难对你发动突然袭击，拿你就没有什么好办法。

这些与测谎仪的钩心斗角，算是保罗·埃克曼（Paul Ekman）《说谎》（Telling Lies）这本书的前奏。作为机器，测谎仪只能测人体生理反应，能不能辨谎，说到底还是要在测谎者与被测者的博弈中找到答案。这些测谎仪诈术与我们生活中面对面辨别谎言，没有本质区别。

消解掉机器法力的幻影，辨谎难题更清楚地浮现出来：我们可以相信一切，代价是常被谎言所欺；我们可以怀疑一切，代价是大面积误伤好人。在假阴性与假阳性之间，机器测谎也好，人辨谎也好，都还在寻找最有效的那条中间道路。

埃克曼的专长是表情测谎。

埃克曼是谁？

你看过美剧《千谎百计》（Lie to Me）吗？这是一部罪案剧，主人公莱特曼创建莱特曼集团，用面部动作编码系统（FACS）解读微表情（micro-expression），屡破要案。除了名字不一样之外，前面这句话里的每个字讲的都是埃克曼。他是全世界首屈一指的表情研究专家，长于微表情识别，学以致用，成立埃克曼集团，编制面部动作编码手册，用来辨别谎言。赫芬顿邮报说他是"世界最强抓骗子手"。

在这一切之前，他首先是位心理学家。他最重要也最有争议的心理学发现是，表情是普遍一致的。在他之前，学界主流观点认为表情是文化产物：中国人的表情与美国人不一样；生活在原始部落里的人，其表情与现代人不一样。

埃克曼说，不然。也许不是所有情绪，但至少与开心、恐惧、愤怒、伤心、紧张这些重要的情绪相对应的表情是普遍一致的，不论你是什么年龄、性别，属于哪个文化、种族，这些表情都一样。

表情是不是普遍一致这件事跟测谎有什么关系？

关系很大。如果表情是普遍一致的，那它就是进化的产物，而不是受控于特定社会的文化规范。无论何时、何地、何人，有什么情绪，就有那个与之对应的特定表情。反过来说，只要破解了表情密码，就能洞察你内心的情绪。如果它与你展现在外的情绪不一致，那你多半在撒谎。这是第一层。

还有第二层，撒谎时你会试图掩盖自己的表情，但掩盖本身会留下痕迹。捕捉到这些痕迹，也能辨谎。比如，撒谎的时候，说真话的时候，人都会笑，但笑法不一样。哪里不一样，最后会告诉你。

埃克曼是怎么确认表情是普遍一致的呢？

首先，他给来自四面八方的人——中国人、智利人、巴西人、阿根廷人、日本人、美国人——看同一组表情图片，问他们这些表情代表着什么情绪。所有人答得都一样。

这当然不够，这些人都被全球化给污染了。好莱坞影视霸权也有份，所有人都看过美国大片，学习过这些表情的含义。

所以，埃克曼去了一个没有被污染的地方——巴布亚新几内亚，20世纪人类学研究的宝地。他找到一个与世隔绝的部落，给那里的人看他带去的表情图片，来自人类学研究的图库。当地人没有文字，没办法看完一张图，然后指着"开心"两个字给他看。于是，他让对方讲故事，故事要表现出与表情相对应的情绪。结果你们猜得到，一致。他这样搜集了几百个故事。这是第一步。

第二步，他反过来把这些故事归整、类型化，然后换了个部落，把这些故事讲给当地人听，让他们挑出与故事所反映的情绪相契合的表情图片。他试了300多个人，占到当地人口的3%。同样，这对土著们也没难度，他们也答对了。

这300多人没有看过电影、电视，第一次看图片，不会说英语，终生待在村子里，只有23人与外界有较多接触，有的会说英语，有的给教会打过工。在识别图片表情与情绪的实验中，这两类人的表现没有任何区别。

为保险起见，埃克曼又多做了一步，重新找了9个当地人，请他们听完故事，做出相应表情，拍下来带回美国，在大学课堂上播放，问学生们这些表情代表什么。

无人答错。

大功告成。

从此出发，埃克曼终生致力于研究表情，他建起一个表情与情绪映射关系的数据库，搜集了上万种表情，其中 3000 多种与情绪有关。《说谎》这本书是他引爆公众关注的成名作，其实说起来是他表情研究的衍生品。

有一次，一个女性抑郁症患者找到大夫，说她已恢复正常，要求出院。她容光焕发，神采奕奕，大夫没发现异常，开了出院条，差点铸成大错。病人事后承认想出院后自杀。这个过程被完整地录了下来，成为撒谎研究的范本材料。

大夫没看见，如果没受过训练的话，几乎没人能看见，病人在声称精神恢复正常的时候，脸上浮现出极短时间的悲伤表情，转瞬即逝，被微笑所覆盖。

这就是埃克曼测谎研究中的关键——微表情。微表情本身是完整表情，但为时极短，通常只有 0.25 秒，就好比正常表情在时间中被高度压缩了一般。埃克曼说，微表情是内心情绪的真实表达，但未经训练的话，肉眼很难发现，在摄影机的慢动作重放中才能显出踪迹，而那时可能已经太晚了。埃克曼的辨谎研究把重点放在识别、捕捉微表情，并训练人们发现它上。他测试过超过两万个不同背景的人，最终发现只有大概 50 个人无须专门训练就能识别谎言，其余的人，也就是我们几乎所有人，都做不到。

埃克曼称，经过刻意训练，普通人也能获得辨谎能力。微表情辨谎是块宝地，因为撒谎与辨谎是一场军备竞赛，撒谎者向来重视众所周知容易露出破绽的地方，而微表情是块新领地，骗子还没来得及做针对性强化训练。如果你想成为辨谎专家，我建议你去研究埃克曼编制的面部动作编码手册，500 多页，包含无数的面部肌肉测量和无穷细致的分析。我这里讲点生活中能活用的表情辨谎简明指南。

识别对方表情是真情还是假意，第一要看他的表情是否对称。自发产生的表情比较对称，刻意制造的表情比较不对称。如果对方此时此刻面目特别扭曲，多半是在骗你。

第二看时长。真实表情持续时间很短，超过 5 秒就不太真实，长到 10 秒钟则无疑是做出来的。如果对方的笑容好似凝固在脸上，那么他很可能在骗你。

第三看表情出现的时间。如果表情滞后于相应的语言，也是做出来的。

最后，我讲讲笑容。

埃克曼说，笑有几十种，常见的就有 18 种。人笑的原因太多：开心会笑，掩饰开心也会笑，不开心更会苦笑；害怕会笑，表达轻蔑也会笑，更不要说各种混合笑。这些都可以是真的笑。

那假笑是什么样的？

第一个标志刚才讲了，假笑没有真笑那么对称；第二个标志是眼睛。假笑时，眼睛周围的肌肉不动。反过来说，你看到面前的女孩笑靥如花，仿佛眼睛也在笑，那她真的是在欢笑，要珍惜。第三个标志是假笑消失得比较突然。假如三个标志同时出现，你对面前这个人就应该有点数了。

表情如此直达内心，但作为一个科学家，埃克曼没有说它是"包打听"。他提醒我们，错杀与放过的两难，摆在测谎仪面前，同样摆在表情测谎术面前。从表情获得的信息，必须与语言、动作做参照，因此我们对人这种动物抽象了解得再多，也不能取代对面前这个人的真切了解。

撒谎与辨谎的竞赛没有结束，只是换了战场。

人生关系组合配置法

　　资产投资要多元配置，人际关系也要多元配置。不要过多地配置高贝塔关系，不能过少地配置低贝塔关系，不要忘了负贝塔关系。

　　总是有人说要 All in（全部投入）这 All in 那，现在流行的是说 All in 比特币，我不是对比特币有意见，而是对这种说法有意见。如果你懂一点金融，不是书上看到过那种懂，而是已经成为肌肉反应的那种懂，那么你就知道，说 All in 的人要么是个傻子，要么是个骗子。

　　如果他不懂任何时候都不应该 All in，那么他是傻子；如果他懂还这么喊，那么他是骗子。当然，情况经常是说 All in 的人第一个 All out（全部撤出）了，全身而退，留下那些喊着 All in 的人和一堆烂摊子。

　　记住，下次一听见谁喊 All in，你要拔腿就跑，朝着相反方向，跑得越远越好。

All in 永远是错的。

贾雷德·戴蒙德（Jared Diamond），就是那个写过名著《枪炮、病菌与钢铁：人类社会的命运》（*Guns, Germs, and Steel：The Fates of Human Societies*）的著名作家、人类学家，问过一个问题：

问：秘鲁农民跟哈佛校产基金经理有什么区别？

答：秘鲁农民理解投资风险，而且投资目标合理。

哈佛校产基金经理曾经是投资界的明星，近10年则是笑谈。他们管理300多亿美元的校产基金，按对冲基金的规矩拿管理费和利润分成，集中投资于低流动性资产，过了20年好日子，然后在2008年金融危机中亏掉三分之一，之后完全失去方向，在2009年到今天的大牛市中远远落后。最后，哈佛忍无可忍，把他们开掉了。

秘鲁农民就不一样。他们种地种得很碎，每家人平均有十来块地，分散在不同的方向，每天种地得走过来走过去，还得赶着牲畜，花时间，耗精力。把地集中到一起会省很多事，而且不难做到，置换就是了，但他们不这么干。

他们傻吗？

他们不傻。种地靠天吃饭。天地不仁，以万物为刍狗，说变脸就变脸，种地是高风险事业。秘鲁农民无师自通，懂得多元化才能活下来。把地分开种，跟不把所有鸡蛋放在同一个篮子里是同样的道理：只种一块地的话，一遇虫灾、天灾、盗贼，全家都得挨饿。分成 10 多块来种，不可能同时受灾，不大会挨饿。

人类学家卡罗尔·戈兰（Carol Goland）在一个秘鲁村庄搞了详细的量化研究：多少家人，多少块地，每块地产量多少，换算成多少热量，来来回回浪费多少热量。把所有这些因素考虑进去，他发现：

第一，地块越多，则长期平均产量越低。这是坏消息，说明碎地块不利于产出效率，消耗在来回路上的时间也是一种浪费。

第二，地块越多，则每年总收成的变动越小。这是好消息，多元化起作用了。

第三，只种一块地的挨饿概率最大；如果地块数量在 10 左右，则挨饿概率下降到接近零。

第四，实际上，农民种的地块数量比上面这条算出来的理论值还要多出两三块。

提炼一下，秘鲁农民是这样管理风险的：首先追求的不是更高的平均预期收益，而是不要挨饿。在不挨饿的前提下，才追求高一点的平均预期收益，而且为了保险，多元化的程度比理论最优值还要高一点。

人类学家重现秘鲁农民的风险管理策略，用了复杂的计算机算法。农民们发明这套策略，倒用不着计算机。祖祖辈辈以来，一套演化算法每代都在告诉他们后果。那些因为贪婪或者因为偷懒只耕作一大块地的农民，也许能过上几年好日子，然后就被天灾人祸消灭了。

多元化的逻辑既极浅近，又极深刻。每次觉得自己懂透了，又会有新的发现。

刚读完《金融的智慧》(*The Wisdom of Finance*)一书，作者米希尔·A. 德赛(Mihir A. Desai)是哈佛大学商学院和法学院双料教授。这本书确实是智慧之书，对不同背景的读者都有用：普通人学到一些金融思维，业界人士看到理解金融的新视角，专业学者则重新找到金融的正能量。过去10年来，金融实在造了太多孽，也蒙受了太多骂名。这书没有用一个公式，文字浅显，文学、历史材料随手拈来，又有思想深度。它用金融理解人生，用人生反思金融，又不是简单比对，时时给人意外的启发。比如说，德赛将金融杠杆与人生的承诺和牵挂相对：要不要加杠杆？要不要担负更多的人生承诺？两者本质上是同一个问题：我们要不要担负更多的责任？人生没有羁绊，好比公司不用杠杆，它没有充分展开；人生全是责任，好比公司没有本金，它迷失自我。

我不是普通人，也不在业界，更不是金融专家，但我也有特别的收获，还是在多元化上。

你的人际关系也是个组合，也适用多元化逻辑。德赛讲的道理一点就透，但没点之前就从来没想过。

我们都喜欢跟同道中人在一起，这本身没错，错的是只与同道中人在一起。用金融术语来说，这个组合高度集中，没有多元化。相反，我们应该扩展人际关系组合，纳入那些与既有关系相关度较小的新关系。

诺贝尔奖得主、现代金融理论奠基人之一哈里·M. 马科维茨（Harry M. Markowitz）说，这世界上是有免费午餐的，多元化就是免费午餐。因为充分多元化的组合，相对多元化不足的组合，预期收益一样，但风险更小。对金融知识哪怕略知一二的人都会本能地在投资时顾及多元化，但这些人在组合人际关系时往往就完全忘掉了这个告诫。正如约翰·凯恩斯（John Keynes）所说，人际关系组合也要多元化，这东西太反直觉。

回过头来看，我所认识的极有趣的几个朋友，似乎都掌握了这个人际关系组合的多元化原理，而且把它变成了自己进阶的发动机。一言以蔽之，他们不停地跨界，人际关系始终保持多元、扩展、丰富，从不停留在一个地方。

比如说，有位朋友最早在中关村做计算机软件，后来搞投资，然后替作家打版权官司，打赢了以后正好代理其 IP，趁势进军影视娱乐界……不仅生活多姿多彩，而且正如马科维茨所说，这样风险更小。

人际关系的多元化似乎不仅能减少风险，还因为网络的正反馈效应能创造超额回报。麻省理工学院著名的多媒体实验室负责人亚历克斯·彭特兰（Alex Pentland）就说，这些人际关系多元的人最有创新力。他们在每一个观念流中自由地探索，又能在不同的观念流之间自如转换，还能将各处采集来的观念，在沟通转换中，再度碰撞、筛选、汇集，最终变成决策。这些最有创新能力的人不必最聪明，不必最能干，但他们在人际关系网络及其承载的观念流中，最如鱼得水。

人际关系组合的多元化还有另一个维度。

继续套用金融组合理论，人际关系组合中有三种关系资产，一种是高贝塔的，波动剧烈。这些关系为你锦上添花，也为你雪上加霜，或者鲜花着锦，或者树倒猢狲散。一种是低贝塔的，无论你的朋友圈如何起伏，他们不与其沉浮，总在那里。最后一种是负贝塔的，也就是说，你飞黄腾达时他不在，你身处逆境时他出现。

黄集伟写过一首歌——《朋友》，臧天朔唱的：

朋友啊朋友，你可曾想起了我？
如果你正享受幸福，请你忘记我。
朋友啊朋友，你可曾记起了我？
如果你正承受不幸，请你告诉我。

这里面的"我"，就是典型的负贝塔关系资产。

在所有关系和所有资产中，负贝塔关系和负贝塔资产最为可贵。这么说吧，你现在有个投资组合，如果能找到与它相对的负贝塔资产，也就是跟组合波动方向相反但预期收益一样的资产，那么理论上，你就能做到预期收益不变，而风险降到零。

这也是我们要珍视人生中的负贝塔关系的原因。很少人能有幸有这样的负贝塔朋友，但几乎所有人都拥有属于自己的负贝塔关系资产，它就是我们的家人：父母、丈夫／妻子、儿女。它使我们有了去冒险的勇气，因为无论前途如何，我们总有可恃的方寸之地。

高贝塔、低贝塔、负贝塔，在金融世界中，我们希望组合各类资产去获得最高的收益—风险比；在现实生活里，我们需要在形形色色的人那里正确地分配时间和精力，以获得最充实的人生。我们绝不能忘记问自己：关系资产配置得对不对？有没有在高贝塔关系上过多地配置？低贝塔关系配够了吗？是否忽略了负贝塔关系？

苏格拉底说："未经审视的人生，是不值得过的。"（The unexamined life is not worth living.）审视什么？在这里获得了全新内涵。

从海量信息里寻找聚焦点

无限循环的递归链条在哪里停下来？

多年以前，托马斯·谢林（Thomas Schelling）要从哈佛大学退休，一所大学赶紧去挖他。这所大学比较死板，哪怕是自己去挖的人，也得提交四封推荐信。这对谢林来说不是问题。他的四封推荐信都是诺贝尔奖得主写的。其中，保罗·萨缪尔森（Paul Samuelson），就是那个20世纪家喻户晓的经济学家，是这么写的："谢林是我见过的最聪明的经济学家。"

朋友子夏曰在微博上转述了这个掌故，他是从这所大学的前任院长那里听来的。这所大学挖一个要退休的家伙是有原因的——谢林自己不久也拿到了诺贝尔经济学奖。

萨缪尔森眼中最聪明的经济学家自然是经济学家中的经济学家，但谢林又是个非典型经济学家。他是博弈论大家，著述颇丰，却基本都是论文集；博弈论差不多就是数学，但他的论文中却没多少数学，可能是因为他对语言的驾驭已入化境，用文字就足以表达那些通常认为不用模型就无法表达的精妙逻辑，也可能是因为他的治学兴趣在于预测和解释真实世界的人类行为。

谢林的学问大多是在兰德公司做的，直接服务于美国的冷战策略设计。美苏在几十年的冷战中斗而不破，时时要走到悬崖边缘，又要走回来。做学问做到经世济用，就是谢林这样。

拿锤子的人看什么都是钉子。这本来是讽刺有些人无论遇到什么情况，只会一招。但如果拿着把万能锤呢？谢林就好比拿着把万能锤，什么题目都能被他敲得服服帖帖。

讲讲被他敲服帖的几个问题。

假如你在天南，朋友在地北，约好明天在北京见面，但一不知道明天几点，二没说在北京哪个地方，三你们彼此联系不上，手机没信号，邮件不通，你们俩在北京都没认识的人，等等。总之，你只知道，他也只知道，你们俩要在北京见面，其他一概不知。

请问：你们明天能见上面吗？几点？在哪里？

这个问题没有表面看上去那么无解。

你知道，光自己想在哪里见面是没意义的，有意义的是去猜对方想在哪里见面。对方同样如此，所以你在猜他，他在猜你。表面上，这是个无限循环，好像两面镜子彼此反射，没有停下来的时候。实际不然，它可能停下来。如果习俗、法律、传统、教育等，使得某个时刻比另外的时刻在你们俩的心目中更醒目，使某个地点比另外的地点更显然，那么这个无限循环的递归就会停下来。

我猜，你和朋友见面的地点是天安门广场，时间是升国旗的那个点。你现在就去查天气预报，明天日出是几点，日出时分升旗，错过这个时间，错过这个地点，你就很难见到他了。

同样的故事，谢林讲过。换了个时间，换了个地点，最终的见面时间是中午 12 点，地点是纽约时报广场。谢林说，在这个游戏中，那个特别的时间，那个特别的地点，就是聚焦点（focal point）。每个人预期对方预期他预期对方预期的那个点，就是聚焦点。一天有 24 小时共 1440 分钟，北京、纽约有无数个供人见面的地点，在千万种可能性之间，哪种都行，你们要的是见面，无论何时何地。但是，唯独某个时间、某个地点，在你们彼此预期的循环中独一无二，凸显出来，于是循环结束，你们在聚焦点相遇。

听起来像是浪漫故事，其实非常实用。比如选美，环肥燕瘦，让你预测谁会夺得花魁。但谁最美哪里有客观标准，怎么预测？最靠谱的是预测有明显特征的那个人夺魁，哪怕这特征仅仅是一颗痣。这与痣是否流行无须有关，只需要它能将莺莺燕燕区隔开来，于是就成了聚焦点。在评委你看我、我看你的心理对视中，赢家脱颖而出。很简单，网红脸越流行的世界里，越没有偏爱网红脸的理由。

既然提到选美，就无法不联想到投资。凯恩斯，这个智者、经济学家、思想家和投资家——他管理过剑桥大学国王学院的校产投资，说买股票如选美。你想买会涨的股票，与你预测谁会赢得选美冠军，没有什么不同。你得猜其他人以何为美、以何为贵，其他人何尝不是在猜你。你猜我猜你猜我，在这个所有人都希望其他人的选择跟自己相同的游戏中，如果聚焦点现身，那么市场会瞬间形成合力。老资格的投资者常说，市场本就要如何如何，只是需要个理由。聚焦点就是市场等待的理由。

推开去说，不难理解为什么中国市场的政策效应如此显著。因为政策就是市场上的"聚集点"。市场本身有无数种潜在的可能，但市场知道政府的政策是一种最强势的存在，所以当政府出台一个政策的时候，这无穷多种可能，会瞬间收敛到政策这一个维度。所以，不要轻易说市场是不理性的，市场很可能是非常理性的。

谢林的研究课题中，最严肃的是美苏冷战。冷战长达40多年，最大的成就，一是没有从冷变热，二是美苏都有极为庞大的核武库，却从未使用过哪怕一次。其实在核爆广岛、长崎结束二战之后，美国国防部评估其后果，第一个结论是威力惊人，第二个结论是核武也就是种武器，跟常规武器一样是种可行选择。亨利·基辛格（Henry Kissinger）早年就写过重要论文，认为核武器用于战场是可设想也可行的。使用核武器成为禁忌是后来的事。谢林称将其变成禁忌是一个明显的聚焦点。他说，核武器当量差别极大，最小的手提箱式核弹，当量并不大于大型常规武器。不过，美苏之间暗战，你说是在不使用某个级别以上的核武器上达成默契容易，还是完全不使用核武器容易？

在互不信任的双方之间，存在聚焦点就更加重要。就算双方有热线随时沟通，假如里根接到勃列日涅夫从克里姆林宫打来的紧急电话，说正向美国本土飞来的洲际导弹是误射，是误射，是误射，里根是信好呢还是不信好呢？无论如何不得出现洲际导弹飞往对方国土的情况，才是双方共同的聚焦点。

不论与朋友还是与对手打交道，先找聚焦点，事半功倍。聚焦点理论也提醒我们，不是所有独一无二都有价值。那种遗世独立的独一无二就没有价值。独一无二要有价值，必须被许多人发现，成为聚焦点。独一无二，显而易见，两者相互冲突，但缺一不可。任何需要社会认可才能成功的事情，无不是因为在两者之间找到了和谐。

谢林的研究处处珠玉，又都能经世济用。讲完聚焦点，我再随便挑出他关于社会潮流的一个极简模型。

假设面对某个社会新潮流，从最激进到最保守，100 个人排成连续序列。最激进的那个人，不管别人怎么样，他都会加入；激进程度仅次于他的人，如果没人加入，则自己也不会加入，但只要有一个人加入，他就会跟着加入。以此类推，等第 98 个人加入了，那第 99 个人也会加入，这时他们的对立面就剩下最后一个人。这个模型不考虑利弊、善恶、是非、历史、情感，只考虑一点：一个人需要有几个人已经加入，才会加入新潮流。

在这个极简模型中，社会大潮永恒奔涌，只要有一个人换位，多米诺骨牌就不可阻挡地次第倒下。真实世界当然更为复杂，结果不注定，过程也不平滑。它会多出两个关键点。

第一个关键点是临界点。所谓临界点，就是没有越过这一点的新潮流，自生自灭；而越过这一点的，将变得难以对付。第二个关键点是赛点，参与到新潮流中的人数超过赛点，则滚雪球加速，胜负已分。

一个人做理性选择的底线，是在新潮流越过临界点之前可以考虑回避，越过赛点之后则必须加入。这个基本框架适用于对各种新事物的观察和应对，比特币、特斯拉、人工智能，凡此种种。当然，临界点和赛点在哪儿，各有各的不同，参数得你自己填。

谢林的四本书我都读过，《冲突的战略》(The Strategy of Conflict)、《军备及其影响》(Arms and Influence)、《选择与后果》(Choice and Consequence)、《微观动机与宏观行为》(Micromotives and Macrobehavior)，每本都值得深读，题材从自我管理、核威慑、博弈论到恐怖主义、种族隔离，无所不包，通透一以贯之，妙理析于毫芒。

逻辑和算法，撬动群体智慧

用加权平均＋动态调整权重＋极化算法，撬动群体智慧，战胜所有对手。

前一段时间，豆瓣上出现了一部2分电影。导演很生气，说毁了他12年的心血。

没人同情他。

豆瓣评分采取五星制，五星就是10分，一星就是2分，这位导演的得分90%以上是一星。

人们相信豆瓣评分，不相信导演自评。这是对的。我上次去看评分的时候，有17,022人打分。你相信17,022人，还是相信一个人？

评分可以不只是评分，可以大得多，可以是对已发生事件的评价，比如给电影打分；可以是对将发生事件的预测，比如民意调查；也可以是决策的扳机，比如你得分超过某个阈值，就采取相应行动。

评价、预测、决策，三位一体，来自对群体智慧的聚合。找到正确的聚合方法，你就找到了撬动群体智慧的杠杆，能够撬动一切。

豆瓣聚合的方法，创始人阿北曾经自己解释过，原则上就是一人一票，简单平均。

简单归简单，这办法很靠谱。如果投票者数量足够多，投票相对独立，那么简单平均值的准确度就会系统性地超越个体判断。类似的实验已经做过无数次。把一头牛牵到集市上，让赶集的农夫目测其体重；把一罐糖果放到桌上，让小朋友估计有多少颗。结论早已经有了，系统地看，所有估计做简单平均，胜过每个人的单独估计。求和除以人数的结果，比每个人的估计都准。

原因在于，每个人各自掌握一些信息，各有判断，哪怕只是用平均这样简单粗暴的方法聚合起来，也比单个人掌握的信息要完整，形成的判断更准确。这就是群体智慧的原意。

它已经足以战胜绝大多数有专家头衔的评委。我们在电视上看到的专家，所做的预测不外乎这么两种：一种是说现状会保持不变；另一种是线性外推，认为当前的变化趋势会保持不变到将来。专家预测还有个特点，就是不改变看法，只重新解释现实。比如说，福山在冷战结束后预言，历史终结了，终结于自由民主宪政。近年来他又说，历史虽然还没终结，但它应该终结。这些观点非常深刻，但作为预测和行动指南，则是不合格的。

豆瓣的简单平均法简捷但远不完美。假设一部电影只有 2 个人打分 5 星，另一部电影 100 万人打分平均 4.9 星。哪部电影更好？简单平均法识别不了。

电影评价类网站的开创者和霸主 IMDb 是这样解决这个问题的。

它用了贝叶斯推理。

贝叶斯推理总是从预先的假设开始。既然事先不知道一部电影的得分会是多少，那就给它一个基准分，对应一个基准的投票数。IMDb 给的基准分是网站上所有电影的平均分，比如是 6.5，对应基准的打分人数，比如是 3000 人。不管是什么电影，在获得第一个用户打分之前，默认都是得 6.5 分，对应着 3000 张投票。

然后，你看了电影，开始打分，新信息进来了。贝叶斯推理会用这些新信息修正得分，随每一个用户打分变化。算法我就不列了，大体上是这样的情形：如果只有一个用户打分，那么电影得分无限接近网站平均分；如果有 3000 个真实用户打分，跟基准数一样，那么得分正好是 3000 个真实用户实际打分与网站平均分两个分值之间的平均分；如果打分用户数量极大，那么得分会极度逼近这些用户的实际打分。

电影都是平等的，但是因为算法不同，小众电影与大众电影在 IMDb 上比在豆瓣上更平等一些。

投票人数的问题处理好了，但问题没完。

一人一票足够好吗？

一人一票是平等的，但看电影这件事有许多好理由支持搞不平等：水军跟观众不应该平等，掏钱买票看的跟白看的不应该平等，高水平观众跟普通观众不应该平等。一人一票反映不出每一票中包含的独特信息，而这些信息是有价值的。

怎么把信息解放出来？

得再往前一步。

纳特·西尔弗（Nate Silver）是个年轻人，近年来在选举预测领域大火。他的选举预测网站在 2008 年美国总统大选及国会选举中一战成名，准确率超过所有民调，然后持续保持高精度预测纪录。

选举民调是对选民意见的聚合。西尔弗并不直接做预测，美国的选举民调已经太多了。他做的是对这些民调的聚合，等于是选民意见聚合的聚合。

他根据每个民调机构准确率的历史记录和当下表现，动态调整其权重，表现好的权重高，表现差的权重低，聚合起来，生成预测。

这个预测有多准确？

2012 年美国总统大选，西尔弗预测对了奥巴马战胜罗姆尼，这不稀奇。稀奇的是，西尔弗还预测对了所有 50 个州两人的胜负结果，全中！

当然，四年后，他遇到了滑铁卢。他没有预测到特朗普当选。这确实是失败，他的聚合要依据大量选举民调，但这些民调也全都错了。哪个民调事前预测到特朗普当选呢？"垃圾进，垃圾出"（Garbage in, garbage out），这是没办法的事。

对冲基金管理人达利欧也用了类似算法聚合群体智慧。他的桥水基金公司管理 1600 亿美元资金，是过去 10 年最成功的对冲基金公司。达利欧用一种极端的原则管理公司，不喜欢的觉得有点像邪教，喜欢的觉得真透明、确实好。他把这套管理原则扩展成自传，变成新书《原则》（Principles），有兴趣的可以去看看。

达利欧的决策方法叫作 believability-weighted idea meritocracy，直译过来是"可信度加权的想法唯贤是举体制"。说起来一大串，用中文讲很简单，就是话份。首先是人人都有话份，在决策流程中都能发言，在发言资格的意义上大家是平等的，但彼此的话份有差等。有人水平高，决策效果的历史表现好，他的话份就大，反之话份就小。决策如果意见分歧，则按不同意见 × 话份来解决分歧。每次决策都有记录，根据决策效果的反馈，随时更新每个人的话份。

达利欧做决策跟西尔弗预测选举，方法是一模一样的。这想法谈不上多新，都是贝叶斯推理的简单运用，独特之处在于实实在在用于管理决策，为此搭建技术，重组管理，做实、做到底。革命性在这里。

凭借运用话份逻辑聚合群体智慧，西尔弗和达利欧做到了他们各自那个行业的顶峰。能不能再往前走一步，做得更好？

菲利普·泰洛克（Philip Tetlock）认为可以。

泰洛克是美国著名政治学者，领导预测项目善断计划（Good Judgement Project）。计划的资助者是直属美国国家情报总监的情报研究局，旨在为整个情报界提供革命性的创新能力。几年间，两万多人在善断计划网站上就美国情报界抛出的 500 个问题做持续预测和实时检验。

泰洛克把每个预测者的每次预测都打分，汇总成个人总分，在漫长的赛马中识别好马，有 2% 的人脱颖而出，攀到最优秀一级，成为"超级预测者"。善断计划则根据每个人的得分调整其在整体预测中的权重分配，生成预测。

到这一步，泰洛克的方法与达利欧和西尔弗的相似。下一步则是泰洛克的创举，其实也很简单：对加权平均后形成的预测结果再做一道加工——极化（extremize），将预测结果往 100% 或者 0% 的方向推。

举个例子，特朗普能否连任美国总统？如果预测者加权平均后的预测概率是 70%，那就把它上调到比如 85%；相反，如果预测概率是 30%，那就把它下调到 15%。

极化的理由是这样的：假设群体中的每个人都获得了群体的全部信息，他们做预测时一定会更为自信。从群体简单平均到加权平均的过程，事实上已经聚合了所有人的信息，但没有完全反映出与此对应的自信。极化就是要捕捉这个自信：如果是乐观预测，极化会输出一个更乐观的预测；如果是悲观预测，极化会输出一个更悲观的预测。

善断计划的预测准确率高得惊人。参与者不过是一群普通人，智商还可以，但不特殊，教育背景参差不齐，也没有内幕信息，借助相当简单的算法，他们的预测击败了全部现有的预测系统，甚至战胜了专业情报分析师——这些人不仅专业，还是出题人，而且还有机密信息。了解如何成为超级预测者，我推荐读泰洛克的书《超预测：预见未来的艺术和科学》（ *Superforcasting*：*The Art and Science of Prediction* ）。我把它许为出版当年的最佳图书。

正确地聚合群体智慧，就获得了这个时代最接近千里眼的工具。不难触类旁通：只要是测试永不停歇，参与者足够多，检验和反馈足够明确的领域，无论是经济、政治、金融还是其他，都可以用加权平均＋动态调整权重＋极化算法来撬动群体智慧，应用空间极大。

我身边就有位个人聚合群体智慧的模范。她的信息来源主要是一流媒体和人际见闻，观点则形成于交流，特点一是人数多，二是看法杂，三是水平高。在这个过程中，她会反复摇摆，一会儿摆到这边，一会儿摆到那边，形成很多前后不尽一致的看法；然后，行动力又强，每有看法必决策，每有决策必行动，于是整个过程来回翻烧饼。

　　老实说，我曾经觉得很烦。这样做事自相矛盾，空耗精力，怎么行？！慢慢地，我懂得了，观点摇摆，是因为在聚合中要渐进校正；行动摇摆，则是在实施中要迅速获得反馈并做相应调整。做到我们这个行业的巅峰，靠的不是幸运。她无师自通，找到了聚合并使用群体智慧的实践算法。光追求前后一致，不空耗能量，美则美矣，但缺少信息、忽视反馈，在闭环里打转，又有什么用？！

　　掌握泰洛克的方法，我们能比她做得更好。

训练贝叶斯脑

打造简单、实用、强大的推理工具。

怎么打造实用的贝叶斯推理工具？

人生有许多悖谬，其中一个是我们天生就会而且习惯性地做贝叶斯推理，但几乎没人算得准确。好比小朋友学数学，就算会了公式，还是粗心做错。不是一个人，几乎所有人都这样，我们无时无刻不在用正确的方法做错误的运算，能平安活到现在真不容易。

什么是贝叶斯推理？一句话，就是我们根据新的信息、证据、数据来更新看法、判断、信念。试问谁不是如此？我们天生是贝叶斯动物。

托马斯·贝叶斯（Thomas Bayes）是 18 世纪初苏格兰的一位神父。他想证明上帝存在，用了两个步骤：第一步，如果上帝存在，就会有如此这般的事情发生；第二步反过来，如果如此这般的事情发生，那么我们对上帝存在的信心会增加多少？

贝叶斯虽是神父，但科学精神已使他犯了信仰的大忌，按理说只有全信与不信两种状态，将信将疑算什么？

贝叶斯推理本质上是条件概率的变形。已知如果 A 则 B，反过来求解如果 B 则 A 的概率。本来是很简单的道理，但说到这里，正常人已经晕掉了。谁也没有在大脑里随时携带计算器。

讲道题就明白了。这道题对每个人都很重要，极为有用。

如果有种疾病，总体发病率是 1‰。针对这种病的检查，准确率很高，如果得了这种病，那么测出来是阳性的概率是99.5％；如果没得这种病，相应地测出来为阴性的概率也是99.5％。现在，检查测出是阳性，请问当事人得这种病的概率是多少？

大多数人会答 99.5％，要不就各种乱猜。普通人不会算，医生也不大会算。有人在哈佛大学医学院这个世界上尖端的医生教育训练机构做实验，发现大多数哈佛学生也不会算。

这道题适用于任何罕见病，只是上面情境里用的数据来自艾滋病。艾滋病感染者在中国男性青壮年中所占的比例是 1‰，HIV 试纸检测的准确率是 99.5％。如果有人测出阳性，是不是死定了？

许多人真这么想，以为自己末日来临，做了许多疯狂的事。其实没必要。

先揭晓答案：如果你是个普通人，即使检查出阳性，感染艾滋病的概率也只有不到六分之一。如果用条件概率去算，得有个计算器，一听脑袋就大，哈佛医学院的学生就折在这里。我这里给个简单办法。上面的例子中，1‰的发病率意味着 1000个人当中有 1 个人感染艾滋病，而这个人测出阳性的概率是99.5%，约等于 1 个。同时，剩下 999 个没有感染艾滋病的人中，因为检查结果有 5‰的假阳性，所以会检测出 4.995 个阳性，约等于 5 个。加起来，1000 个人检查会有接近 6 个人检测出阳性，但其中只有 1 个人是真的感染者。也就是说，如果检测出阳性，感染艾滋病病毒的概率接近六分之一。必须严肃对待，但不用觉得末日已到。

我上面这样做，没有用概率，而是换算成频次，贝叶斯推理的难度骤然下降，变得非常简单。学者格尔德·吉仁泽（Gerd Gigerenzer）在新书《风险与好的决策》(*Risk Savvy : How to Make Good Decisions*)中说，贝叶斯推理本来就很简单，不要说哈佛医学院的学生了，就连小学生也能算对，关键就在于要改变算法。

吉仁泽是德国马克思·普朗克人类发展研究所的适应性行为和认知项目主管。他与诺贝尔奖得主丹尼尔·卡尼曼（Daniel Kahneman）互相尊重，又长期争论。卡尼曼是位心理学家，获得的却是诺贝尔经济学奖，因为他将诸多人类心理上的认知偏差引入经济学，激发了整个经济学行为转向的大潮。卡尼曼认为人有许多认知偏差（bias），驱动人们不思而应，贸然而对。吉仁泽则认为这些不能叫认知偏差，仿佛它们必然是错误的。

他建议把这些思维特点称为大拇指定律，大体靠谱，偶尔犯错，但因为节省宝贵的大脑运算资源，在演化上是有优势的，所以人类到今天还是这样。他举了个例子，经济学家的完美代表萨缪尔森，写跟投资理论有关的论文，都是资本市场线、资产定价模型，一堆数学模型，但他自己实际投资就很简单，股票、债券、现金等，不管总共是几种资产类型，把资金平均分配就好了，简单、有效。其实类似策略在犹太古代经典《塔木德》中就有记载：把钱平均分作三份，一份买地，一份经商，一份储备。错不到哪里去，算太细了，额外收益有限。

在贝叶斯推理这个问题上，卡尼曼认为人类很不擅长，从不细算。吉仁泽则认为关键在调整算法。人们一遇到概率就晕，但很擅长计算频次。

在贝叶斯推理问世之后不久，那个时代一位伟大的法国科学家皮埃尔 - 西蒙·拉普拉斯（Pierre-Simon Laplace）就独立发明了其实用版，要点就是计算频次。我来介绍一个我自己在这基础上改造后使用的贝叶斯推理模板。

无论面对什么问题，关于未来会怎么样，你设定三种可能的情形——上、中、下，分别对应着变好、不变、变坏。如果你已有个初步判断，就相应地配给上、中、下以相应的基数；如果你是一张白纸，一无所知，还没有任何判断可言，就给它们相同的基数。接下来事情本身的走向会带来新信息，有可能倾向于或者上或者中或者下这三种情形，是什么情形你就在对应的基数上加分，加多少依新信息的力度大小而定。

我的模板是这样的：上、中、下各配基数 33.33，每次加分的取值范围是 1～5，最强 5 分，最弱 1 分。就这样，无论什么事，打上一段时间的分，你总该对它有些数了，绝对比每次拍脑袋现想要靠谱。你就有了随身携带的贝叶斯大脑。

贝叶斯推理有两大要求：第一是要厘清你已有的判断，第二是诚实对待新的证据，两者缺一不可。前者是判断的出发点，后者是更新判断的依据。

原教旨的贝叶斯人不满足于此，他们认为捍卫判断的唯一正义的方法不是张嘴说，而是下注。你觉得什么事未来变得更好的可能性是 99%，我不同意。那咱们啥也别说了，你出 99 块钱，我出 1 块钱。双方下注，赢家拿走。

说到这里，你应该想到了，把两人下注这件事往外推到最大，市场就是个贝叶斯下注系统，用交易来解决看法分歧。当前价格对应当下看法，而价格变动代表着看法修正。它是个活的、庞大的、永远在变形的贝叶斯系统。之所以说任何一个人都很难稳定地战胜市场，是因为市场本身极为有效地反映了现实中人的看法。

话说回来，我们在生活中见到的原教旨贝叶斯人不是太多，而是太少。口水是廉价的，所以绝大多数人都用口水表达看法。

在阿尔法围棋大战李世石之前，看好阿尔法围棋的人很少。我在一个 500 人的精英群里发起下注，看好任何一方就下注，

每注 10 块钱，可下多注，最终形成的赔率大概是 55：45 看好
阿尔法围棋。事实证明，这个群形成了显著优于平均的判断：
在比赛之前，人类普遍认为阿尔法围棋会输。

同理可推，如果能集纳一群看法相对靠谱的人，专门组群，
用钱也好，用代币（token）也好，就任何判断持续下注，那么
这个群可以用来给出对任何事情的预测。它是我们可以放到手
机上的贝叶斯外脑。

再进一步，人与人的靠谱程度不同，判断的靠谱程度亦不
同，根据各自的表现，动态调整其权重，靠谱的人权重逐渐增
加，不靠谱的人权重逐渐下降，加权平均形成新的判断，准确
度会更高。微信群不够用了，但估计小程序实现起来不难。最
终你将获得两样东西：一个是相当有效的判断系统，一个是相
当有效的对判断者的评价系统。两者互相反馈，继续提升精度。

其实，我们在生活中也是这么做的，接近靠谱的人，远离
不靠谱的人，重视权威，轻视妄人。区别在于，生活中做贝叶
斯人，我们做得既不系统也不精确，经常算错。现在，借助手
边的工具，我们能做得好很多。

当然，永远不要忘了，无论是贝叶斯大脑，还是借助工具
打造的贝叶斯外脑，都只是一幅地图，帮我们在未知地形上摸
索。不论多少人用多么靠谱的方法共同绘制它，如果地壳崩塌，
行星撞地球，那么地形一夜间就天翻地覆，贝叶斯并不能比其
他地图更好地帮助我们。它无法对抗黑天鹅。这是没办法的事情，

因为谁也对抗不了。

第二件不要忘记的事情，就是在先的判断与新证据之间并不总是彼此独立的。如果你已经绝对相信上帝存在，那么无论出现什么新信息、新证据，你总能找到让你舒服的解释。真正的贝叶斯人不这样。他们会尊重先入之见，因为它是一切新知的出发点，但又随时准备清空存量，以避免掉入这一陷阱。

可惜这种人不够多。

避免集体无行动

　　大集体永远干不过小集体，唯一的办法是把自己变成小集体，才能用其他优势干掉对手。

　　人类社会最大的一个谜，就是少数永远战胜多数。无论你往什么地方看，政治、社会、军事、文化、金融，都是这个结果。

　　公元前479年，那个时代的"第一次世界大战"，希腊各城邦面对来犯的波斯大军。统一东方的万王之王，要把西方也管起来，据说派出了数十万大军。希腊人有多少呢？雅典是最大的城邦，也就能派出三四千重装盾甲兵。希腊人全部加起来，也就是万把人作战。结果输的是波斯人。再往前1年，波斯第一次入侵希腊，斯巴达国王带300人在温泉关（Thermopylae）抵御波斯大军，全部阵亡。300人挡几十万人，没挡住不奇怪，奇怪的是竟然挡了好久。这事如何操作？

　　人少好组织。

　　每个希腊重装盾甲兵都装备有盾牌、护甲、长枪、短剑，左手持一米长盾，护住正面，头盔、胸甲、护膝分别护住头、胸、腿，右手执枪，短剑备用。这身装备穿上，如果只有一个人，那就是活靶子，因为太重，50斤以上，无法活动，而且身体右侧是暴露的。重装盾甲兵必须组方阵。典型的希腊方阵，深度8排，宽度不限。盾甲兵密集布阵，左手持盾，右侧靠同袍保护。方阵极为密集，挤到能让人窒息的地步，盾牌合在一起，组成长城，长枪架在肩上，无路可走，只能向前推进。这样一部巨型人肉坦克，就是那个时代的超级武器，把面前一切敌人刺倒，砍倒，推倒。

这么一算，斯巴达300勇士大概正面是40个人，约20米宽，如果温泉关地形配合，他们居高临下，堵住了要路，波斯人要把这8排人肉坦克攻下来，是不容易的。如果是数千希腊盾甲兵对敌，那好比是热刀子进黄油，完全是一场不公平的战斗。在罗马兴起之前，希腊重装盾甲兵方阵所向无敌，赢得了与其他打法的各路军队的所有重要战争的胜利。

人多是纸老虎，人少才好组织，少数总是战胜多数。

集体行动之难，研究领域横跨政治学与经济学的曼瑟·奥尔森（Mancur Olson）教授讲过："一个集体，要么成员很少，要么能胁迫其成员，要么有其他特殊安排，才能使其成员采取符合集体利益的行动。否则，以自身利益为重的理性成员不会采取对集体有利的行动。"

这就是著名的奥尔森"零贡献命题"。翻译一下，个人不做符合集体利益的事，要做的话，要么集体的人数够少，要么集体能威逼利诱。

在名著《集体行动的逻辑：公共物品与集团理论》（*The Logic of Collective Action*：*Public Goods and the Theory of Groups*）中，按规模大小，奥尔森把集体分为三类。

第一种是特权集体，奥尔森用了"特权"（privileged）这个词，其实跟特权没关系，就是指集体规模够小，小到其中的个体总会采取符合集体利益的行动。哪怕只有他一个人采取行动，承担全部成本，他从行动带来的利益中分享到的那部分也已经足够大。在特权集体里，符合集体利益的行动总会发生。比如说，双寡头垄断市场里，寡头一定会无所不用其极维护其垄断地位。又比如，海上失事，10个人爬上救生船，但船只能载9个人，那么你放心，一定会有个人被扔下去。

第二种是中等集体。集体规模中等，单个成员的行动对集体利益的影响既不是决定性的，也不是可忽略不计的。个人是否采取符合集体利益的行动，有一定的随机性，有可能会，有可能不会。

第三种是大集体，奥尔森称之为潜在集体（latent group），虽然有共同利益，但就是一盘散沙，个人对集体利益没有任何看得出的影响，经济学术语称之为"价格接受者"。在潜在集体里，符合集体利益的集体行动不会发生，除非集体能威逼或利诱。集体行动之所以不发生，不是因为共同利益的能见度不够，哪怕它就明明白白地摆在每个成员眼前。人人都讨厌通货膨胀，但通胀来临时，人人都会上街抢购，火上浇油。常有人抱怨说中国人是散沙，这是个假问题。不管是什么人，多了就是散沙。

少数总是战胜多数，因为特权集体总是战胜大集体。帝国总会崩溃，但部族永存，而家庭是每个人永远的归宿，也是这个道理。中国人说修身、齐家、治国、平天下，希望平滑地由己及人，由小到大，但总是事与愿违。说有大家才有小家的，以及那些寄希望于中产阶级改变中国这个或者改变中国那个的，都可以歇歇了。那些说我站着的地方就是中国，致力于从自己做起的，精神可嘉，但也不过是对自己的心理按摩，别人不会跟从。

奥尔森的书出版于大约 50 年前，今天我们懂得更多。他所说的，与囚徒困境、搭便车、公地悲剧等概念彼此关联，描述同一类现象：每个人理性决策，却无法得出对所有人来说利益最大化的选择。在囚徒困境里，面对是忠诚还是背叛，每个人的最优选择是背叛；在搭便车现象里，面对公共品，每个人的最优选择是只占便宜，不付成本；在公地悲剧里，面对公共池塘，每个人的最优选择都是竭泽而渔。

怎样才能走出这个集体无行动的陷阱，我们今天也有了更精微的认识。诺贝尔奖得主埃莉诺·奥斯特罗姆（Elinor Ostrom）毕生精研公地治理，她开出的药方是这样的：

"如果公共资源的使用者们能够自己制定规则，以确定谁有权、以什么方式使用资源，并有效地匹配成本与收益，自我监督执行，或者是通过那些对使用者们负责的人来监督执行，做到有针对性地惩罚犯规者，那么，集体行动的问题就能得到解决。"

奥斯特罗姆的药方是利害相关者自治。它依托于这样一个现实，同时也是信念：这世界上并不只有理性人一种人。总会有另外一些人，他们愿意合作，愿意给集体机会，只要集体给他们机会——如果他人以善意待他们，他们会回报以善意。还会有一些人，他们疾恶如仇，对那些背叛者、搭便车者、竭泽而渔者，他们自带干粮去惩罚。世界再现实，也还是有一点侠气在人间的。奥斯特罗姆说，关键是识别出谁是理性自利人，谁是合作者，谁是惩罚者。只要人们对此不是完全没有信息，只要关于谁是哪种人的判断比随机乱猜更准一点，那么，这世界就不会完全被理性自利人所统治，公义就还有存身之地。

帮助我们辨别谁是哪种人的信息来自哪里？奥斯特罗姆说，来自面对面交流，还有就是各种对于信誉的人际监控机制。路上行人口似碑，是其中一种。

其实，奥斯特罗姆的药方也可以说是奥尔森问题的注脚——很明显，这药方只属于规模较小的集体。正如奥斯特罗姆承认，较大规模的公地资源分配必须使用分层解决机制。

《孙子兵法》看法与此相似。孙子说："凡治众如治寡，分数是也。"就是说，要分割。奥尔森在《集体行动的逻辑》中也有展开：大集体想要产生集体行动，得采用联邦结构，而联邦结构的每个成员都是小集体，小集体就能行动。

奥尔森举例说，利益集团如商会之所以能量巨大，是因为商界由一个个细分行业组成，每个细分行业的企业组成专业商会，在对这些行业重要的议题上有强大的游说能力，它在这个小池塘里是唯一的有组织力量。相反，与其相对的工会、农会、消费者协会等大集体，想集体行动就难得多。有组织的小集体总能打赢无组织的大集体。

以此推之，虽然中产阶级作为一个整体什么也改变不了，但是校友就有机会改变点什么。任何一所大学都有数量庞大的校友，表面上是个潜在集体，但同时天然是个联邦结构的集体。任何学校的校友都是按系按届，每届都是按班来组织的。哪个班级不是小集体？小集体就能爆发出行动力。事实也正是如此，大家都看见了校友的力量。

有一点请注意，大集体分解为小集体的关键是联邦制，不是科层制。波斯人并不缺少科层制。

我们的故事从希腊人跟波斯人打仗开始，那就让它在另一个战争故事中结束。

美国特种部队训练充分，装备精良，天上有无人机，地下有装甲悍马。这支部队按说足以碾压一切看得见的敌人，可是，为什么它打不赢伊拉克"基地"组织（AQI）？

AQI人数不多，训练不足，装备平平，通信靠信使，可是迅速崛起为伊拉克最有杀伤力的一支力量，之后还滋生出"伊斯兰国"（IS）。AQI 靠的是经得起各种打击的网状结构，既没有标准打法，也没有标准层级。打掉 AQI 一个高级头目，它自己会再长出一个来。美军这些年打掉的 AQI"二号人物"有二十来个，可是没什么用。

一天醒来，美军特种作战司令看着一堆等着他签字的命令，悟了。自己就是问题：条线太长，动作成本太高，决策太缓慢。司令重组了特种作战结构，信息流不再是先自下而上，再自上而下，每个作战小分队灵活调配资源，相机决策。他不再签那么多命令，垂拱而治，把精力放在确保信息流通畅上。

结果，一个小分队自己找到并干掉了 AQI 头号首领扎卡维。这个故事来自美军特种作战司令斯坦利·麦克里斯特尔（Stanley McChrystal）写的书《赋能：打造应对不确定性的敏捷团队》（*Team of Teams*：*New Rules of Engagement for a Complex World*）。

大集体永远干不过小集体。大集体能做的是把自己变成小集体，小集体自治加联邦制组合，才能发挥出自己的其他优势，干掉对手。

怎样做到持续成功

最短的路是做现在的成功者认为毫无意义的事情。

成功极难，但下一个成功最难。所以，成功者注定失败，无论是人还是组织，基业长青是偶然。

下一个成功最难，因为成功指的就是环境选择了那些成功者，问题是环境会变，而成功者几乎注定跟不上环境变化，他们向以前的环境过度优化。

先说环境为什么选择某个成功者。从事后看来，总是因为成功者最好地适应了环境。

体会一下20年前的顶级商业智慧，来自英特尔传奇总裁安德鲁·S. 格鲁夫（Andrew S. Grove）。在名著《只有偏执狂才能生存》（*Only the Paranoid Survive*）中，他说，想要在那个时代出头，必须做到下面三点：

第一，不要追求差异化，不要想着去造"更好的电脑"——通往"更好的电脑"的路上，处处都是先烈的尸体。

第二，抢跑，抢跑，抢跑，重要的事情说三遍。先发优势至关重要，利润属于且只属于先发者。

第三，按大规模生产预估产品可行的最低售价，剩下的事情就是把成本降到与之相符。一句话，血拼成本。

这是那个时代最适应环境的商业策略。格鲁夫说，在 IT 企业从纵向一体化转向横向整合的战略拐点发生之后，必须依靠上面三个原则才能制胜商场。所谓纵向一体化，就是一家公司生产和提供所有的东西，从硬件到软件到服务，都是自有的；所谓横向整合，就是一家公司只生产自己最擅长的东西，而整合交给市场。前者的代表是当时的 IBM，后者的代表是英特尔和微软，即个人电脑黄金时代的 Wintel 联盟。

当时，格鲁夫当然是对的。

他将这三原则用于分析离开苹果的乔布斯：乔布斯犯下了追求差异化的错误、纵向一体化的错误、高成本的错误。

"毫无疑问，乔布斯是开创个人电脑行业的天才，然而……"格鲁夫最后作评。

然而，格鲁夫很快就不对了。

这本书出版后的第二年，乔布斯回归濒临破产的苹果。苹果从 30 亿美元到今天超过万亿美元市值的商业史诗就此开始。1997 年，乔布斯提出口号：Think different（不同凡想）。我就是要差异化。从此，他开始一个一个地证伪格鲁夫的原则。格鲁夫说，不要差异化，乔布斯不理睬，Think different；格鲁夫说，先发吃肉，后发吃灰，乔布斯不理睬，偏要进熟到烂的市场，进一个，就颠覆一个。

商业智慧的保鲜期太短。成功者适应环境，但是环境会变，怎么变则无法预知。

无论当时还是现在，无论何时何地，只有全力以赴才有成功的可能，这要求你不留任何余地。通用电气公司（GE）当年的六西格玛管理原则，今天人们常说的不留后路的创业者才是好创业者，都指向同一个策略：思想上要全力以赴，操作上要不留余地。做到这些不保证成功，但所有成功者都必须如此。然而，这同时埋下未来失败的种子：必须尽力适应环境，但环境变化的时候就调整不过来。

换句话说就更明白：如果用数据训练出来的模型向样本数据过度拟合（over fit），则对样本外数据不适用，也就是对未来没有预测能力。不尽力适应当下环境就无法成功，但极度适应当下环境就必然在环境变化中失败。

这就是成功的悖论。

怎么办？

第一个办法，能不能摆脱环境制约，不是仅仅适应环境，而是反过来影响甚至主导环境？

的确不是所有人在所有时候都被动适应环境，极少数企业和人能反过来影响环境，为时势造英雄的常态偶尔注入英雄造时势的篇章。但这种时候极少，也不可能持久。人是富不过三代，组织尤其如此。因为统治世界的是负反馈，物极必反。生有时，死有时；栽种有时，砍伐有时；建造有时，拆毁有时。正反馈偶尔有之，不能持久，要不然树就长到天上去了。

第二个办法，能不能打造学习型人格、组织，使得应环境而变成为组织及其成员的基本特征？

听上去很美。向当前环境优化之所以如此坚硬，是因为它合理。你据此成功，你的客户要求你继续，你的员工能力、组织形态、价值观，都据此构建。在风暴中边航行边修船，说说可以，做到的有几个？

所以，哈佛商学院教授克莱顿·M. 克里斯坦森（Clayton M. Christensen）在名著《创新者的窘境》（*The Innovator's Dilemma：When New Technologies Cause Great Firms to Fail*）中说到，优秀者（几乎）注定失败的原因就是他们优秀。他们听取客户的需求，优化管理流程，追逐最新的持续型（sustaining）技术，拒斥扰乱型（disruptive）技术，每一步都是在当前环境下的理性的最优选择，直到环境剧变，灾难降临。

克里斯坦森所说的创新者悖论，其实是前面所说的成功者悖论在技术变革这一层面的应用，要点如下：

第一，成功公司朝向现有客户优化产品和流程，投入于持续型技术，对扰乱型技术没有兴趣，因为客户没有兴趣。

第二，即使公司负责人重视扰乱型技术也没用，因为组织的资源配置是由流程决定的，而流程总会把资源从扰乱型技术这边拿走，放到持续型技术那边，客户要求组织这样做。

第三，应客户需求优化流程，持续投入持续型技术，是优秀组织的特征，因其能力向现有的价值网络优化。失败和迭代学习则是扰乱型技术的本质。优秀公司不能也不应容忍在持续型技术上的失败，因此也很难接受在扰乱型技术上的失败。

所以，不是靠更好的管理、更勤奋的工作、更少地犯错误，就能避免组织衰败。

怎么办？

克里斯坦森给出办法：如果决策者想要投入扰乱型技术，那就要跟通常的做法相反，不是强扭牛头，幻想要求现有的市场、现有的组织适应扰乱型技术，因为这不可能。决策者再重视也做不到，客户不会接受，公司流程也不接受。唯一的办法是给扰乱型技术寻找与其匹配的市场和组织，必须主动分拆，把现金流业务与扰乱型技术带来的业务切开，给后者充分赋权，让其独立运营。不要去幻想改造组织的文化，能做的是改造组织的结构。不要去追求新旧之间的合力，因为合力是幻觉，内耗是现实。探索未知世界与开垦已知世界的不能是同一伙人，不能用同一套逻辑，约束以同一套标准。

很显然，探索与开垦之间这个分工，让市场来做比在组织内部做要好得多。这也是为什么绝大多数新的成功者来自外部市场，而不是上一次成功者的内部。市场以万物为刍狗，毫不念旧。成功组织想要继续成功，必须向市场学习，像其一样行事。上一次成功带来的资源，人才、企业文化、财务资源，这些资源当中，财务资源要用足，其他则要尽可能切割，新归新，旧归旧。文化是刚性的，人可调整的空间是有限的，唯有金钱最可塑。

知易行难。腾讯居然能够在 QQ 之后开发出微信，值得再三致敬，所有组织的领导人都应该学习一下马化腾怎么对张小龙。巴菲特说他唯一擅长的就是资本配置，能从现金牛拿出钱来，投到下一个交易、公司中去。巴菲特慈眉善目，却真正心狠手辣。世上有几个巴菲特？那些极少数基业长青的公司，其掌门人会说，最重要的工作是财务资源配置，他们的工作跟巴菲特没有本质区别。

好了，上面所有这些都讲的是成功者怎样才能继续成功，那么对于那些还没有成功的人，这些有什么启发？

如果你想成为下一个成功者，最短的路是做现在的成功者认为毫无意义的事情，做那些他们知道你在做什么，但没有兴趣过来掐死你的事。直到有一天，等他们很想来掐死你的时候，晚了，轮到你掐死他们了。

好了，上面所有这些都是从组织的角度来讲的，那么对个人来说有什么启发？

三个启发：

第一，永远要对自己向当下环境过度优化保持警惕。

第二，警惕归警惕，做事归做事。你必须在自己选定的方向专心致志，全力以赴，最大限度地适应你所选定的那个环境。因为唯有这样，你才有成功的可能。别人都不搏二兔，就你三心二意，你想成功是做梦。

第三，如果你有幸成功，你的人力资本会转化为财务资本，然后你用财务资本做多元化投资。人力资本是刚性的，调整起来事倍功半，没有人做得到像自己期望的那样灵活。你的人力资本最好继续用来全身心拥抱你选定的方向；你的财务资本，也就是钱，是真正灵活（fungible）的，它没有历史包袱，用它来迎接环境变迁的挑战，事半功倍。

思想实验

大数据颠覆公共利益

互联网公司一马当先，消费者喜忧交加，政府规制远未跟上。大数据时代对公共利益是利是害？诺贝尔奖得主梯若尔有两个原则。

诺贝尔经济学奖得主让·梯若尔（Jean Tirole）有一本新书，叫作《公共利益经济学》（*Economics for the Common Good*）。

梯若尔的学术贡献跨越合同理论、产业组织、竞争市场等领域。诺贝尔奖颁奖礼上，介绍人这样讲：

"曾几何时，我们试图寻找一把魔剑，可以劈开所有石头。后来有一天，一位新的铁匠来到我们身边，锻造了许多把剑，每一把都更坚硬也更灵活；他还向我们展示了哪把剑可以劈开哪一类石头；最后，他在每把剑上都刻上了伏尔泰的警言：能力越大，责任就越大。这位铁匠就是梯若尔。"

梯若尔打造的所有这些剑都位于市场与政府之间。"他为经济学理论如何带来社会价值提供了光辉典范。"诺贝尔奖评委会的学术总结如此结尾。梯若尔这本新书以"公共利益经济学"为标题。他说，经济学是实现公共利益的尚不完美但不可缺少的工具，它既不为个人也不为政府服务，既不为市场经济也不为计划经济服务，它整合了个人和集体两个维度，为公共利益服务。

什么是公共利益？

梯若尔没有下定义，只给出一个 Siri 式的回答：它是我们对社会的共同期望（our collective aspiration for society）。显然，它取决于价值判断，期望因人而异，怎么找到共同期望这一交集？

梯若尔有办法。他说："假如不知道自己是男人还是女人，健康还是生病，富有还是贫穷，受过教育还是文盲，有无信仰，生于城市还是乡村，追求事业成功还是生活自由，不知道所有这些，那么你希望自己生活在什么样的社会里？"

这个问题起源于无知之幕——著名哲学家约翰·罗尔斯（John Rawls）的思想实验：假设人们站在无知之幕后面，不知道自己走到幕前有何地位、处境、身份，以此为前提讨论公共政策。如果公共政策是不公平正义的，那么主张它的人同样可能成为被损害的对象。在无知之幕后产生的公共决策，能保护社会中最弱势的那些人，因为那些人可能就是每个人自己。

选择从无知之幕来看公共利益，梯若尔将自己置于一个伟大的智识传统中，它起于霍布斯、洛克，经由康德、卢梭，通过罗尔斯，来到今天。梯若尔说，只要个人利益之间存在冲突，个人利益与公共利益就会分叉，但在无知之幕后面至少能部分汇合。这里是追寻公共利益的起点。

《公共利益经济学》涉及的范围极广，而用博弈论和信息经济学贯通。梯若尔说，随便从哪章读起都好。对我最有启发的是大数据时代的公共利益这部分。大数据是把双刃剑，带来更高的效率、更多的方便，也使我们处于几乎永不间断的连续曝光中。效率和公平之间的永恒挑战，在大数据社会到来之际，横亘于个人、互联网公司、政府之间。这正是规制问题的最新"边疆"，梯若尔最擅长的领地。

从保险说起。

不要以为保险乏味，它是历史最悠久的金融现象，也是今天许多深奥金融衍生品的本质内涵。它应对一个历久弥新的问题：如何分担风险？

风险的本质是未知，而未知又有两种：一种是不知道未知的未知，所谓 unknown unknown；一种是已知道未知的未知，所谓 known unknown。前者比如展开星际旅行，前面是星辰大海，无尽的未知等待着你，这个我们不多讲。后者比如轮盘赌，你不知道球会落在大数字上还是小数字上，但确切地知道它的概率分布。这里正是保险的领地。个人把握不了这一掷的风险，但赌场就可以。无数人无数次掷下去，实际分布越来越接近大数定律预测的概率：轮盘赌共 37 个格子，第 37 个格子属于赌场，赌场的优势是 1：37，约等于 2.7%。拉斯维加斯赌场的生意模式与保险公司实际上没有太大不同，赌场拿走赌资，保险公司拿走保费，本质上都是靠相当确定的概率优势，建立在大数定律基础上。

跟赌场一样，保险公司无法挑选客户，至少无法充分挑选客户：你没法知道每个人的健康状况，这只有他自己最清楚。但每个年龄段人群的健康状况、平均预期寿命、得各种常见大病的概率，这些是可以知道的，这正是保险公司的老本行。现代寿险公司出现以来，就是根据你处在哪个年龄段，收你相应水平的保费。它不必知道每个人的健康状况，生意的保障是大数定律。

问题是有人的地方就有人钻空子。可想而知，投保之后，有些人烟会抽得更凶，有些人车会开得更彪悍，反正有保险兜底。这就叫道德风险（moral hazard），其实它与道德关系不大，主要是激励错配，保险反而激励了原来不想激励的行为。羊毛出在羊身上，买保险所获得的保障来自保费。道德风险使不负责任的那些人占用了较多的保障，结果要么是提高保费，要么是别人的保障减少。没人想当冤大头。规矩人就会退出保险，结果是逆向选择（adverse selection）。投保人中规矩的越来越少，不规矩的越来越多，保费只好越提越高，直到有一天高到没人投保，除了就是想来骗保的。生意到此就算做砸了。

为了对付道德风险和逆向选择，保险公司得打各种补丁。比如说，健康保险不负责投保前已经得的病；又比如说，每次看病，你要先付一部分钱，超过的再做赔付。补丁有点用，但不精确。

今天，大数据时代到来，游戏发生 180 度反转。个人的健康数据、行为数据、信用数据能见度越来越高，道德风险、逆向选择这两大武器现在站到了保险公司一边。

以前，保险公司了解你的信息颗粒度只到你在哪个年龄组，现在则可以精确到个人：你的病史、家族病史、买药记录等无所遁形。别以为你不想占保险公司的便宜就可以，现在是保险公司想占你的便宜。他们可以精挑细选，挑出那些健康客户，而那些不太健康的客户只能付出更高的价格，至于那些特别不健康的客户，直接被拒之门外。

保险的本质是社会发明的风险分担，把接近但不尽相同的风险放在一个池子里，标准化定价。今天，无所不在的传感器、移动互联、人工智能技术，使获得和分析每个人的风险数据变得极方便，成本极低，像手术刀一样精准地把每个人从风险池里剖出来，一人一价。这还是保险吗？

不要以为传统保险公司掌握新技能比较慢，这一天到来就很远。他们不行，有人行。腾讯和阿里系都有了保险公司。不要以为尽量不让网站收集信息，你就能免于被精准定位。网络实名制下，你在所有网站上发生的所有行为，直接与你的身份关联，无法从无缝的数据收集网中逃离。

这并非对所有人都是坏事。比如说，你不抽烟、不喝酒、小心开车，保费多半会下降，因为不用补贴那些抽烟、喝酒、乱开车的人。他们乱来是自己的事，只要自己负责就行。这一点没争议，也是大数据为保险注入的正能量。

但是，把极度充分掌握信息带来的精准差别定价推到极处，各担各的风险，各付各的保费，风险分担不复存在，保险的基础也就没了。社会准备好了吗？

举个相似的例子，今天上电商网站买东西，已经出现不同用户看到不同价格的情况，电商网站根据你的网上、网下行为给你画好像，据此最大限度地差别定价。本来在某个价格成交意味着卖家和买家都有所得，对应着所谓的生产者剩余和消费者剩余。精准的差别定价意味着卖家最大限度地把消费者剩余拿走。你愿意吗？

回到保险上，如果不做任何约束，可以想象到的终极情形是这样的：基因健康的人买低价保单，基因没那么健康的人买高价保单。这公平吗？

没有简单答案。有人认为公平，有人认为不公平。只是提醒一点，基因跟抽烟、喝酒、开车违章不同，我们可以控制自己的行为，但完全无法控制自己的基因。如果发展到根据每个人的基因区别定价的地步，那么不仅保险的本质也就是风险共担被摧毁了，同时被摧毁的还有社会最基本的互助机制。充分、透明、不受约束的数据使用，就有这样大的破坏潜能。

靠自己小心，没用；靠互联网公司自律，看起来是南辕北辙。出路只能是靠规制，这正是梯若尔的长项，但即使是他，今天也无法给出答案，只能回到无知之幕后面，给出两条原则。

第一条原则有关数据：数据属于谁？互联网公司占有和使用数据，应该受何约束？

梯若尔说，关于数据，互联网公司与用户之间现在是不完全合约，且对用户极为不利。

首先，为个人数据保密越来越应该像医患保密关系一样重要，但现实差距太大。前不久，美国三大征信公司之一艾可飞（Equifax）被黑客入侵，人们才发现这些本应该固若金汤的公司其实只是皇帝的新衣。一位国内资深"白帽子"[1]说，其实对一家公司来说，数据泄露只是概率问题、时间问题。

其次，互联网公司普遍滥用用户数据，甚至转售第三方。你在某购物网站上购物，过一阵你在某某微博上就会收到定向广告推送。有人觉得方便，有人觉得添堵。

更何况，互联网公司给用户的用户协议是畸形的。如果耐心细看中国网站的用户协议，你会发现里面说了，你在上面所写的一切内容都属其所有。真是惊悚。

数据属于谁？如果数据变成未来最主要的价值源泉，那么用户还能不能控制自己的数据？还是说它们会被控制在互联网公司手中，而用户无能为力？

梯若尔认为正确原则应该是这样的：如果是互联网公司通

1　指正面的黑客，可以识别计算机系统或网络系统中的安全漏洞，但并不会恶意利用，而是公布其漏洞。

过巨大投资和创新方法才创造出的用户数据，那么它可以从拥有和使用数据中获利；但如果获得数据很容易，成本很低，且由用户主动提供，那么数据就应当属于用户自己。

第二条原则有关风险分担。梯若尔说，个人能控制的风险应当由自己承担；在其控制以外，对之无能为力的风险，应由公众一起分担。每个人应当为其抽烟喝酒的行为负责，但不应为有高致病风险的基因承担责任。站在无知之幕后面，你不希望自己活在一个因为基因有缺陷就活该倒霉的社会里。

今天我们站在大数据社会的门槛上，互联网公司一马当先，消费者喜忧交加，政府规制远未跟上。如何实现大数据时代的公共利益，应该从思考梯若尔的两条原则开始。

如果落入黑牢，如何成功越狱

从目标回溯过程，随时随地学习，胆大心细，周密策划，洞察人心，危中求机，孤注一掷，于绝地找到生机。

想象你被关在牢房里，不是一般的牢房，是美国监狱的黑牢，独自禁闭。你之所以落到这里，是因为你是银行大盗，抢了 20 多年银行，抢了普通人几辈子才挣得到的钱。你已经第三次被判刑，依法是自动判处终身监禁。监狱对你倍加提防，因为以前在其他监狱，你已经两次成功越狱。监狱建在岩石上，不可能像以前那样挖地道。监狱没搞第三产业，没有闲杂人等来来往往，没机会趁乱逃走。就算你生病，送到监狱医院还没三分钟，就被狱长派人推回牢房。"死也要死在牢房里。"

没有人从这里逃出去过，自你之后也没有。

"不信你试试看。"狱长说，"机枪等着你。"

试试就试试。

从哪里开始呢？

不对，这事要从在哪里结束开始想。

越狱就是要站在高墙之外。要站在墙外，首先你得爬过墙，那么首先得需要警卫不朝你开枪。

什么时候警卫才不朝你开枪？他搞不清楚状况的时候。

什么时候他会搞不清楚状况？晚上比白天更有可能。但光是晚上不行，监狱有探照灯。最好是风雪交加的晚上。光看不清楚，也还不够保险，最好他看到你的时候，你穿着警卫制服。

你需要警卫制服！

怎样才能获得警卫制服？你得制服警卫。

怎样才能制服警卫？你得有把枪。

怎样才能有把枪？你得有个内应。

可是你关在黑牢里，哪里来的内应？

卡住了。

两条哲学思考能拯救你。

第一，对监狱来说，最强大的地方也最脆弱。第二，对越狱计划来说，最不靠谱的地方也最有用。

合起来就是三个字：想不到。得让所有人想不到你竟然这么干。

什么人会让所有人都想不到？

没人能想到你会用官方的线人来做内应。监狱内人人皆知他是告密者，同伙都判了重刑，就他刑期最短，狱方安排给他的活最轻，还偶尔让他出狱办事。他也是唯一能进出黑牢的犯人，帮忙送饭。

搞定他是你唯一的选择。问题是怎样搞定一个公认的告密者？他会去告密呀！

先问你自己：我有什么资源？

你赤条条一个人在黑牢里，什么都没有，除了一样东西：面子。你是银行大盗、越狱高手，又好学，在狱中把所有能找到的法律、心理学、历史学书都读了；你主意多，给谁都出主意，好比《肖申克的救赎》里的主人公安迪。总之，你在犯人当中地位很高，你跟谁多说几句话，谁就有面子。

这正是告密者最缺的东西。他被所有犯人排斥，既孤独又危险，被蔑视、责骂、殴打。面子对他不光是面子，还是里子，有面子才有安全。

怎么给他面子？你不必相信他自我辩解说没告过密，也不必假装表示同情。没必要。你只需要听他说完自己的话就行。把他当成正常人，像两个正常人一样说话，就是给他面子，满足他的心理需要、情感需要、安全需要。

一般人不懂这些，但你懂。你抢过几十次银行，却未伤过一人，靠的是精心准备、胆大心细，更是靠洞察人心。

人是最大的变数，操纵人是你最大的本事。每次抢银行，你都把手上最大的一杆枪带上，比如汤姆逊冲锋枪，反正越大越好，让银行职员一看就害怕，他们又不知道你没装子弹。装子弹有什么用？反正你从不准备开枪，也用不着开枪。银行一开门你就进去，拿出大枪，告诉每个人别做英雄。钱是银行的，命是自己的。你押着银行经理去开金库，边走边跟他说，你都明白，如果只是他一个人，他肯定会反抗，因为勇气、尊严和刚直不阿这些美德，但是他得想想在场的其他同事，不反抗不是为了自己，而是为了同事们的安全。

你从来没遇到过反抗，因为心理上他们全都被缴了械。你也从不把人逼得无路可走，只能反抗。你总是给一个他们需要的借口，他们自然就做那些你想让他们做的事情。你抢银行几十次不失手，靠的不是侥幸，靠的是人心操纵术。

你懂得制服的魔力。看见制服，人们就会放下戒心。有一次你穿着警服去抢银行，去得早了点，行人过来问路，你耐心带了好几条街，还顺便指挥了一会儿交通，完事再去抢银行。穿上什么制服，警服、工作服、邮差制服，你就变成什么人。江湖上给你个绰号：演员。

你懂得越危险的地方越安全，还是因为人们会放下戒心。危中取机是你的标志性作案手法。你在大白天营业时间抢过金店，金店一头是警察局，另一头是保安公司。那又怎么样？你根本不进店，透过橱窗看到营业员转过头去，就用事先配好的钥匙把店门从外面锁上，然后从容打破橱窗，把黄金珠宝全都拿走。等营业员回过神，只看见你汽车的背影。

结束回忆，回到眼前的越狱。

越坚固的地方越脆弱。狱长认为黑牢固若金汤，因为从黑牢到警卫管理区之间有道门，不是一般坚固，由 10 多厘米厚的钢板整体铸成，好似银行金库的大门。但你发现，门太厚造成了视觉盲区。如果躲在恰当位置，警卫在外开门之前，从窗户观察时看不到你。你记下来，这是个关键。

线人更是关键中的关键。对他，你得平静、耐心，一点点来。每次线人进来送饭，你都跟他若无其事地聊几句。预热半年后，你问他一句话：哪里找得到梯子？

他不傻，猜到你在想什么，犹豫一下，说警卫管理区有梯子。你又问梯子有多长，你得衡量能不能高过监狱围墙。他又告诉你长度。你发现得把两架梯子绑一块儿才够长，又问他能不能找点铁丝带进来。这下他完全明白了，说可以。

一步一步来，每一步都是试探。现在不能告诉他底牌，要给他时间慢慢消化，他每帮你一次，就多卷入一寸，心理上也更认同一分。就算他向狱长举报，你也没有了不起的损失。这些话自你口出，入他之耳，死无对证。你又没真的越狱，狱长总不能现在就拿机枪扫死你。

第二次，你让他带把锉刀进来。

一试再试，秋去冬来，你摊牌。狱外同伙已经准备好手枪，你要他帮忙带进来。他毫不犹豫，马上答应。

酝酿了这么久，你觉得这是你布的局，但它是不是别人布的局？线人是不是早已向狱长告密，就等着你一步步走进自己下的套，被套死？

你没有绝对把握。尽人事，听天命。能把握的做到极致，不能把握的孤注一掷，你本是个匪徒。

利用出狱给狱长家干活的机会，线人把手枪带了进来。万事皆备，只欠天时。

凛冬之日，风雪大作。牢房窗户的铁栏早已锉断，铁丝和手枪在身，你静静等到午夜，在警卫下一轮查房前五分钟行动。

从窗户钻出牢房，进入过道，守在厚厚钢门后面的视觉盲区，来查房的警卫没看到你，刚打开门就面对你的手枪，游戏结束；你蹿到警卫办公室，几名警卫面对你的手枪，游戏又结束。你把同伙从牢房放出来，穿上警卫制服，押着几名警卫和队长，让他们把两架梯子扛到监狱大楼与围墙之间的空地上，就地绑在一起，架到墙上。

塔楼警卫发现了。探照灯照过来，几发试探子弹打到地上。你用枪捅捅队长，他喊："别开枪！是我！紧急维修！"

风雪交加之夜，警卫在围墙上紧急维修。这事只有弱智才会全信，但塔楼警卫看过去，毕竟是一群穿警卫制服的人在梯子上，而且队长刚喊话说没事，没有十分的把握，他怎能继续开枪？

混乱、迷茫、不知所措。

这些都在你的计算中，这一点点时间就足够你翻过墙头，绳降，双脚踏在地上。

安排好的接应汽车向你开过来。

再见，狱长。机枪在哪里？

你的名字叫威利·萨顿（Willie Sutton），银行大盗、越狱高手、FBI 十大通缉犯，抢过几十家银行，成功越狱三次，未伤过一人。

这些都写在你的自传《钱就在那里》（*Where the Money Was*）里。你不是什么好人，只是盗亦有道：从目标回溯过程，随时随地学习，胆大心细，周密策划，洞察人心，危中求机，孤注一掷，于绝地找到生机。此即大盗萨顿之道。

如果你是黑帮，如何安全传递信号

在没有制度支持、没有信任基础、没有法律保护的极端情形下，如何实现可信沟通？

介绍一本奇书，《解码黑社会》（ *Codes of the Underworld：How Criminals Communicate* ）。书名（直译为《黑帮密码：罪犯如何传递信号》）中"密码"这个词的英文原文是 code，是双关语。"密码"是这个词，"准则"也是这个词，比如"荣誉准则"，就是 codes of honor。两个含义在这里熔于一炉，很贴切，也很巧妙。

黑社会面临一个大难题：如何安全地传递可信的信息？

黑社会之所以是黑社会，是因为这个社会对内及对外传递信息的方式与正常社会不同：既要传递信息，又要让信息保密。本书作者迭戈·甘贝塔（Diego Gambetta）是意大利社会学家，长期研究黑帮现象，将信号理论用于分析黑社会的信息传递、身份识别、"信任"机制。

让我们从这个问题开始：为什么黑社会喜欢看黑社会电影？

这是个普遍现象。无论是美国还是意大利，哪里的黑社会都喜欢看黑社会电影。就以当代黑帮电影的始祖《教父》系列来说，在拍摄过程中还得到了纽约黑手党家族的许可和支持，事后得到其激赏。

甘贝塔说，这不是因为黑社会分子自恋。他们也许自恋，但黑社会电影对他们有现实用途。比如解决这个难题：怎样让大家知道你是黑帮，但又刚刚好，不会给警察证据把你抓进去？

你要收人家的保护费，人家得怕你，这是前提。你可以先捣乱立威，这也是一种信号，但发这种信号比较贵：你得真打破一些东西，引发不完全可控的后果。让人家一看你就知道你是黑帮，事先就怕了，更实惠。问题是黑帮又不发身份证，就算有，你也没法掏出黑帮证来给对方看。如果对方是警察，你就是自投罗网。

最好你有一套语言、风格、做派，自然而然发出信号，对方一望即知你是什么人，你却不留把柄。这套信息系统，语言、风格、做派，不能靠黑帮内部培训，因为它得让公众理解，不被公众理解的信号没有信号价值。所以，黑社会喜欢黑社会电影，它本身是娱乐，却不期然成为对公众的黑社会信息教育。人们看电影，理解和想象黑社会；黑社会看电影，感受公众的理解与想象，以此为反馈，做出微调，更好地发出信号。在扣人心弦的情节中，黑社会与公众完成了关于信号的预沟通。

不过，这类信号成本太低，来得容易，不能对抗仿冒。收小商小贩的保护费，用这类信号也许就够了，但谋大事、作大案，光靠说话、做派像黑社会是不行的。

一方要能够发出信号，另一方要能够识别更靠谱的信号。

在形形色色的信号中，信号理论建议，找到一种信号，它对发信号的人来说成本不高，但对仿冒者来说成本极高，所以无法模仿。如果只有拥有某种特质的人才付得起发这个信号的代价，那么信号必然是真实不掺假的，而接收信号的人可以完全放心。

比如说，从同一个杯子里饮酒，就是酒里没放毒的相当可靠的信号。相反，"放心喝，包你没事"则是另一个极端，是完全无效的信号，根本无从区分发信号的人是真心还是假意。唾沫星子的信号价值等于零。

生活中的绝大多数信号介乎两者之间。航空公司要求行李必须与乘客一起上飞机，如果乘客没上飞机，必须将他的行李取下来。这是基于一个本来很靠谱的假设：自己也上飞机是你不会把飞机炸掉的可靠信号。可惜，时势在变，它在今天已不再像以前那么可靠了。

研究黑帮怎么发信号，可以帮助我们理解在没有制度支持、没有信任基础、没有法律保护的极端情形下，如何实现可信沟通。

黑帮的终极信号是投名状。

"投名状"这个词被同名电影给搞坏了。交投名状可不是兄弟换生辰帖。对黑社会来说，纸上的东西一文不值。黑社会要的投名状，是新入伙必须交上来的做过血案的证据。

林冲穷途末路，投梁山泊而来。王伦要他交投名状。其他兄弟知道王伦小气，不容能人，但也并不认为交投名状本身不合理。可怜林冲堂堂武将，只好去做拦路杀人的勾当。不做下血案，兄弟伙信不过你。投名状是用人头发信号。

极端的环境要求极端的信号，这是黑社会的默会知识。10多年前，湖南出了大盗张君，抢枪、劫运钞车、杀人，震动全国，最后伏法。他的团伙里人人都得负有血债。他偶尔会把两个同伙带到荒郊，让没有当他面杀过人的那个杀掉另一个。血债是他唯一能接受的信号。好人绝不会滥杀，盗匪则不惮为之。作为一个信号，随机杀人对穷凶极恶之人成本不高，对良善百姓则成本太高。纳了投名状，张君便知道对方也是凶徒。

黑帮普遍要求纳投名状，因为黑帮最怕卧底。再往下推一步，甘贝塔认为，黑帮辨别卧底的操作还有改进空间。现行模式是进来要交投名状，发现是卧底就杀掉，严进严出。甘贝塔说，从信号理论和博弈论的角度看，更有效的办法是进来要交投名状，一旦发现就赶出去，不要杀掉。也就是说，严进宽出。

严进严出，则卧底无法退出，只能誓死跟你周旋到底；严进宽出，则卧底会倾向于退出，因为退出成本低。从黑社会角度看，最好的策略组合是阻吓住想进来做卧底的人，同时鼓励已经打入组织内部的卧底主动退出。严进宽出策略反常识，却越想越合理。

张君要同伙杀同伙，是要求得到一个直截了当的信号，同时也释放出另一个强烈的信号：黑社会没有忠诚可言。没有一部黑社会电影会不讲到"义气"二字，但黑社会事实上是最没有义气的组织。越是短期博弈，义气越是没有价值。"义气"二字，就是别人对你的长期行为的稳定预期。黑社会哪里有稳定这件事。它随时被政府瓦解，被对手替代。它总是围绕着头目存在，而头目随时会坐牢。对黑帮来说，使用暴力的名声、遵守生意承诺的名声都有价值，唯独忠诚无价值。张君证明，义气远不如用血写的投名状。

谈过投名状，再讲讲黑社会如何使用暴力。黑社会是使用暴力的生意组织，过度使用暴力对生意不利，很贵，风险大，引发社会不安，政府打击随之而来；但黑社会又必须使用暴力，否则叫啥黑社会。成功的黑帮会毫不犹豫地使用暴力，但又会尽可能避免过度使用它，因为暴力本身并无价值，其价值在于它用极端手段传递出可信的信号：别碰我的生意。成功地使用暴力威胁，比成功地使用暴力，永远要好得多。

黑社会是地下秩序，使用暴力是为了维持对他们有利的那种秩序。这些逻辑对于地上社会也一样成立。孙子说："上兵伐谋，其次伐交，其次伐兵，其下攻城。"兵者为凶器，圣人不得已而用之。

黑社会信号理论也可延伸用于分析其他不完全透明组织，从地下党到游击队，再到传销组织，为理解这类组织的信息机制提供了微观视角。至于我们每个人，前面讲了，黑社会的这套信号机制是为了安全地传递可信的信号，良民也许不需要那么担心安全，但同样需要发出可信的信号。留道题给大家：怎样证明你是什么样的人？什么信号只有你发得起，而别人发不起，所以不会被仿冒？

如果凡事只说 yes，会发生什么

先放弃自控，再找回自控，从心所欲，不逾矩。

有一种我过去没做到，将来也肯定做不到，因此很向往的状态：只说 yes，接受一切。

我是新闻工作者，工作是采访，跟人说话。采访就有录音，录音就要整理，每次重听录音，都是后悔、反省、立志不再重犯，然后下次再犯的过程。后悔、反省、立志，是因为听见自己在对话中总是急于说话，往往是在对方马上就要说到关键的时候插话、打断，对话于是转向，机会流逝不再回来。

我之所以总要插话、打断，换着各种花样向对方说 no，也许还有另外一种思路。如此种种，无非是要向对方展示：你说的我都听懂了，我这么理解是不是很深刻，我独立思考，不人云亦云，哪怕是你说的，我也不盲从，我的水平就是这么高。

好记者都有过与我相似的经历和悔悟。我看到过一个公认的对话能手在朋友圈公开忏悔。我点了赞，跟她隔空握手。记者不是演员，向对方展示自己不是我们的工作，让对方充分展开才是。

　　这不光适用于记者。"你说话的时候，学不到任何东西。"我在诺贝尔经济学奖得主罗伯特·希勒（Robert Shiller）的课上听到这话，大悟。自己说得再爽，也没有收获，没有获得新东西，自己这点事自己都清楚。让对方充分表达，我们才有收获的可能。

　　《道德经》讲，上善若水，不争，以天下之至柔，驰骋天下之至刚。换句话说，水对一切坚硬高大的东西说 yes，然后就赢了。

　　对话是对方发来的邀请，你说 yes 就是接受，说 no 就是拦阻。多说 yes 少说 no，说 no 显得聪明，但阻拦了对话展开。基思·约翰斯通（Keith Johnstone）说，说 no 和说 yes 各有所获，说 no 的人获得安全感，因为留在自己熟悉的原地；说 yes 的人才能开启朝向新世界的历险。说 no，就还是你自己而已；说 yes，对话者才能合并彼此的经历和想象，共同走向未知。

　　说出这番话的约翰斯通是无剧本即兴表演的创始人。读他写的《即兴表演》（Impro）这本书，我意识到表演对人性的体察需要做到如此深刻、细密。

　　Impro 是 improvisation 的简称，就是即兴表演。即兴表演没有剧本，也无须排练。演员上台，观众现场点题，随便点什么题，演员就展开对话，表演动作，演上一回。

表演很难，很多人为了不上台，什么都做得出来。无剧本即兴表演就更难，我上去必然呆若木鸡。名作家马尔科姆·格拉德威尔（Malcolm Gladwell）在畅销书《眨眼之间》（*Blink*）里说，与其上台即兴表演，绝大多数人宁愿上刀山下火海。

约翰斯通则说，无剧本即兴表演这事没有那么难，诀窍就在于永远对同伴说 yes，绝不说 no。他说什么，你顺着他说，他再顺着你说，如是迭代，必有奇遇。

举个例子。

第一个演员演病人，说腿坏了。第二个演员演医生，说得截肢。病人说不行，太痛。这就变成了尬聊，演不下去了。约翰斯通叫停，重申禁止说 no。

重新来过。

病人说腿坏了，医生说得截肢。病人说你上次已经截过了呀，医生说那这次是不是你刚安上的木腿生虫了？那也得截。病人一惊，把椅子碰倒，顺势说截也来不及了，已经传染给椅子了。这就不再是尬聊，已经有了个有趣故事的坯子。

好的即兴演员顺流而下，彼此配合默契，仿佛有通灵术，因为他们对所有来自对方的邀请都接受，兵来将挡，水来土掩，获得自由和从容。

对我们日常的对话来说，顺流而下的对话同样不需要各种机智，只需要接受、包容和展开。真佛只说家常话，就是这些话：

"对；从哪里开始讲？你的想法是什么？接着说吧；然后

呢？解释一下好吗？接下来是什么？到底发生了什么？什么时候的事？我再陪你坐会儿吧。"

顺流而下也可以是什么都不说，只是专注倾听，偶尔点头。

我说 yes 太少，说 no 太多。这是个问题，得改。

读到年轻人林晅写的文章，她在耶鲁学过六周即兴表演，从此改变了对自己的认识和对冒险的理解。她有这些体会：

第一，先上台，做了再说。

第二，抛弃预设和既定套路，拥抱不确定。表演在同伴彼此互动中几乎随机地展开，你无法预测下一句话是什么，同伴抛过来的任何话头，你都只能接受、承认，顺势展开。对方也同样如此。

第三，绝对开放的结构使每个人都贡献出想象力，把故事无限地接下去。这个开放结构在即兴表演中叫作"yes, and……"，用中文说叫"对，而且……"，无论什么，先接住，再展开。

第四，不做预判，不去想象接下来会怎样，而是聚焦在正在展开的情节上，为它添油加醋，寻找合理性。你放心，一定找得到。而且，你找、我找、他找，层层叠加，令人惊喜意外的情节会自己涌现出来。

这些启发当然不只适用于舞台。人生是场没有中场休息的即兴表演，想不想上场，我们都注定是演员。正如林晅所发现的那样，做好演员的关键第一步是放下。

约翰斯通很多年前去学画。老师告诉他，随便画。但随便这件事，约翰斯通不会做。老师说，你学学孩子，他们都会。他不服气："你让孩子画棵树，他从来没画过，肯定也不会画。怎么办？"老师说："让他去观察一棵树，不行就去摸这棵树，再不行就去爬这棵树。""还是不会画怎么办？""让他用泥巴塑一棵好了。"

老师告诉他，孩子不会失败，因为孩子不应该失败，失败只属于老师。学生肯定能做成，而成功的老师必须找到让学生做成的那个具体通道，不论它是什么。

约翰斯通顿悟。他反过来明白，孩子不是没有长大的成人，成人却是已经枯萎的孩子。把成人身体里的孩子解放出来，就能释放出各种可能。这变成他训练即兴表演者的哲学。放下自己，把从小到大学到的什么能做、什么不能做，什么聪明、什么愚蠢，什么干净、什么肮脏，所有规矩都清空，所有禁制都解开，有趣的想法就会自己蹦出来。不要担心释放出来的本我有点疯癫。老师重在身教，光说可以疯，这还不够，要把自己作为榜样展示给学生：我比你还疯，疯了这么久，还不是好好的？

表演不是老师教出来的，老师只是以身作则，放下责任约束，解开学生身上外加和自加的各种禁制，使其对舞台上放飞自我完全免责，表演就会自己涌现。

约翰斯通说，放下是第一步而不是全部：必须告诉演员们怎么演、演什么都可以，不用为演的和想的任何东西负任何责任，要不然他们根本就演不动。老师必须替他们免责。当然，松开的另一面是收拢。等将来他们成为好演员之后，自己会把责任重新担起来，那时他们对自己是什么样的演员会有更真切的理解。先放弃自控，再找回自控，好演员身上放弃自控与保持自控熔于一炉。夫子把这叫作"从心所欲，不逾矩"。

最后讲个故事，是个关于讲故事的故事。

约翰斯通让演员讲个故事，对方说讲不出来。约翰斯通说，我有个故事，你负责猜就好，我负责回答是与不是。这简单，对方答应，开始猜。

"故事里有人吗？"

"没有。"

"有大楼吗？"

"有。"

"有飞机吗？"

"没有。"

"有虫子吗？"

"有。"

"虫子的角色重要吗？"

"是。"

"虫子在地下吗？"

"不是。"

"虫子住在大楼里吗？"

"是。"

"虫子无害吗？"

"不。"

"它们会统治世界吗？"

"会。"

"它们是慢慢地统治了世界吗？"

"不是。"

"大楼是人以前建造的吗？"

"是。"

讲到这里，一个科幻惊悚故事已经露出轮廓。它不是约翰斯通的故事，而是那个以为自己不会讲故事的女演员的故事。只要不用她承担讲故事的责任，她自己就把故事讲出来了。我们每个人都跟她一样。

先放下，将来再扛起来。

时代悖论

忠诚的限度：何时退出，何时发声

面临集体衰败，忠诚以独有的方式塑造个体退出与发声的逻辑。

讲忠诚，要从衰败讲起。成功的时候，时来天地皆同力，狗屁都是经验，谈忠诚无意义，因为没有考验就没有忠诚。只有当衰败来临，运去英雄不自由，经验都变成狗屁，这时才有忠诚可言。

谈到衰败，任何公司、机构、组织都不可能幸免于衰败，区别在于大多数从衰败走向衰亡，只有极少数能从衰败走出来。面对组织衰败，个人有两种选择，第一种是用脚投票，退出。第二种是用手投票，也就是举手，发声，某某某到了最危险的时候，被迫发出吼声，要力挽狂澜，重回正轨。

看起来只是两个选项，但在名著《退出、呼吁与忠诚》（ *Exit, Voice, and Loyalty* ）中，阿尔伯特·赫希曼一一展开两者之间所有可能的组合，展示了打通经济学与政治学壁垒的分析框架，使之成为20世纪极有影响力的社科著作之一。

赫希曼生前享有极高的名望，可惜没有得过诺贝尔奖，一个重要原因是无法给他归类。普通人只过一辈子，他至少过了三辈子。年少时从政，从纳粹的追捕下逃命，上过三次战场；中年成为首屈一指的发展经济学家；晚年再度转型，成为政治学家。看上去是从传奇走向辉煌，其实是逆境中一连串命运的偶然。他始终在旅途中，诺贝尔奖没有找到位置安放他。

一本小书，两个概念，何以就能打通经济学与政治学的藩篱？

退出是典型的经济选择。轻轻地我走了，不带走一片云彩。它不针对某个人，不造成正面冲突，市场无形之手就是这样起作用；发声正好与此相反，它是典型的政治行动。一个人选择发声，就放弃了迂回，不再通过市场匿名"投票"间接行动，而是直接表达看法和诉求，从微弱的表达到暴烈的抗议。

退出与发声，经济选择与政治行动，就这样熔于一炉。两者之间有无穷多种组合。替代选择的多寡，转换成本的高低，影响你在退出与发声之间做什么组合。

大体上有这些情况：

第一种是极端情况：退出极为方便，完全没有成本，根本不存在限制。你在集市上买大米，觉得质量不好，换家店再买就是。你会追着店家要求他必须种出好大米吗？有病。你只会选择退出，不会选择发声。

第二种情况，能自由发声，则减少退出的概率。人们常常先发声，看看能否引发改变，实在不行才选择退出。发声的成本、被听见并引发改变的概率大小、退出的方便与否，都会影响与发声有关的决定。能发言，说话有人听，有回应，你就有理由不退出。比如说，客服本来是成本中心，为什么对企业却如此重要？甚至有些极富创新能力的企业如 Zappos[1]，简直就是围绕客服来设计商业策略，他们给一线客服极大的授权，务必让顾客满意，原因就在这里。

第三种情况，发声无用，只能退出。你喜欢的某个牌子质量下降，你很痛心，一而再再而三地反映，但石沉大海，你怎么做？还是换一家吧。

第四种情况，允许退出，则会减少发声。有选择就不必在原地死扛。此处不留爷，自有留爷处。这是从个人的角度来说的，从组织的角度来说，则另有妙用。《孙子兵法·军争篇》讲用兵之法，围师必阙，包围敌军后必须留下一个缺口，让对方有条逃命的路，这不是慈悲心肠。有地方逃，他才不会跟你拼命。"归师勿遏，围师必阙，穷寇勿迫"，《孙子兵法》把重要的事情连说三遍。企业也用得着这逻辑。比如说，铁路是垄断的，公路运输和航空一个是完全竞争，一个是有限竞争，是不是一定会刺激铁路打破垄断？不见得。公路和航空的存在，为那些最不满铁路垄

---

1 美国一家卖鞋的 B2C 网站，1999 年开站，如今已成长为全世界最大的专业卖鞋网站。

断、转换成本最低的客户提供了退出通道。把他们放走，剩下来的要么是能忍的，要么是走不起的，垄断变得更加坚实。

第五种情况又是个极端，不允许退出，则只能选择发声。最典型的例子便是家庭、民族、国家，这些你无法选择、永远将你包围的存在。从其中退出的成本极为高昂，如果不是完全无法退出的话。要扭转其衰败，你只能发声。孤臣孽子，九歌离骚，以语言，用行动，甚至不惜自我毁灭，来表达抗议，激活系统的自我拯救机制，这是个人剩下的最后选择。

第六种情况则是极端中的极端，不许发声，也不许退出。没有平衡器，矛盾全部内置，完全压住，没有释放通道，系统永远处于坚不可摧和土崩瓦解两种状态的叠加态。

变化万千，远不止这六种。

对于扭转组织衰败，个人，无论是市场中的消费者还是政治选举中的选民，太过敏感或者太过迟钝都不好。太敏感，则组织一旦表现下降就立即遭到重创，波动过于剧烈；太迟钝，则组织收不到及时准确的反馈信号，不能扭转滑坡。发声也好，退出也好，要产生理想效果，需要人们既敏感，又不是过于敏感。

终于可以讲到忠诚。

忠诚就是人们在面对组织衰败时的一种特殊反应：他们本可以退出，但不马上退出，而是先发声。退出对他们本是现成的选择，而发声一是会付出成本，二是需要创新思路，提出有效的重振办法，这哪有那么容易？因为忠诚，这些人抑制自己的退出倾向，转而激活发声，殚精竭虑，找寻出路。

在任何一个群体、机构、组织中，最敏感的、最有退出机会的以及最有发声能力的，这三者往往是同一批人。忠诚，就是指这些成员本可以首先退出，却选择发声，希望能带来改变。赫希曼将它比作贸易壁垒，又比作复杂的离婚程序。总之，忠诚迟滞退出，给衰败中的组织以恢复之机。

忠诚以它独有的方式塑造退出与发声的逻辑。

第一，忠诚不是信仰。忠诚保有理性，信仰则不。忠诚是相信自己所处的群体哪怕犯了错误，最终也会回到正确的道路上来；信仰则什么都不需要。

第二，忠诚往往显得非理性，因为忠诚往往是个人在面对效用差别不大的两种选择时，放弃退出，选择发声。深层原因是他认为组织要恢复，需要他尽一份力，自己的选择并非无足轻重。

第三，爱国主义必然是普遍的。国家之间有鸿沟，个人几乎没有退出的可能，不爱国没选择。

第四，底层比顶层更需要忠诚。顶层没有退出的选择，底层则存在向上的流动性。举个例子，如果因服务质量下降而退出，那么这些对质量最为敏感的人，往往是消费者剩余最大的那些人。在高质量服务的质量下降时，这些人无处可退，因为更不愿向下走，只好选择发声；相反，如果低质量服务的质量下降，这些人则往上走，留下不敏感且消费者剩余较小的人群。结果就是劣质服务会越来越劣质，而优质服务因为内部发声，对质量下降还有制衡。知道这个，你就会明白为什么美国的黑人社区对学习好的黑人小朋友并不友好，也会明白乡村凋敝的内在动力。

第五，忠诚幻灭带来更大的杀伤力。个人忠于集体，往往以退出相威胁，以求改变。而如果他们终于失望退出，则不会沉默安静，而会大张旗鼓，杀伤力更大。无论什么品牌，忠实粉丝退出，总是反戈一击。

对个人的退出、发声和忠诚与集体之间的动力学，赫希曼做了杂技般精巧的梳理，最后他说，没有确定解。个人选择与集体行为之间的一切都是动态的、交互影响的、因人和组织而异的。在忠诚与背叛之间，每个人与组织自己找位置，一切都是可能的。但是，一个组织想要基业长青，在退出与发声之间，就不能过度依赖其中一种纠错机制过长时间，要有意识地把另一种纠错机制发掘出来。对个人来说，要知道有些事情我们无法真正彻底地退出：越是属于社会公共品的事情，我们就越无法从中退出。这种时候，你只能选择发声。

最后讲几句赫希曼，忠诚于他有特殊的内涵。他少小流亡，终生漂泊，保有初心而不执着于来路，也没有必达的目标，终生找寻一条中间略偏左的道路：在革命与改良之间，在发展与贫富鸿沟之间，结果自然是失败。但失败也没有什么了不起的，因为失败是人生恒常。他的人生没有到达，始终在途。他有属于自己的忠诚。

误解进化论：你可能是基因的奴隶

进化没有目的，无关道德，不着眼长期，主角也不是人。

首先，进化论是一部洗髓真经，已经彻底改写了生命科学，正在重塑社会科学。生物学、生理学、心理学、人类学、社会学、经济学、政治学，乃至医学，除了数理化之外，绝大多数学科都可以分成两个阶段：一个是进化论改写之前，一个是进化论改写之后。几百年来，重大的人类思想成就，无论怎么排，进化论不排在第一，也一定排在前三位。其次，进化论系统地改造我们作为个体的认知，特别是让我们更深刻地认识随机性，不理解进化论几乎不能叫现代知识人。最后，普通人大多对进化论有想当然的误解。

就是说，进化论既重要，对它的误解又多。

先讲什么是进化论。

满足以下四个条件，进化或者说自然选择就会发生：

第一，个体繁衍复制的成功率有差别。有的后代多，有的后代少。

第二，个体的性状（traits）有差别。比如，有的个子高，有的腿长，有的力量大，有的免疫系统发达，等等。

第三，繁衍复制成功率与性状的差别有相关性：因为个子高，因为腿长，因为力量大，个体的后代较多。相关性不需要是 100%，极而言之，只要没低到零就可以。

第四，性状可遗传。

这四点就够了。

今天的世界如此复杂、精密，人们经常赞叹大自然的鬼斧神工，往往觉得这不可能自然而然发生，但事实上它确实不需要总设计师，只要上面这四个条件成立就可以：个体繁衍复制的成功率有差别、个体的性状有差别、性状的差别与繁衍复制成功率有关、性状可遗传。

无论何时何地，只要这四个条件成立，自然选择也就是进化，就会发生。这四条加上 30 多亿年时间，地球上的生命体就演变成今天这个样子，其他因素全都是注脚。

进化论讲到这里。现在讲误解。

第一个误解，物种朝着某个方向进化，变得越来越完美。它的潜台词是，人是进化的目的。

这是错的，进化没有方向。我之所以还用进化论这个词，只是尊重历史而已。"进化"这个词的英文是 evolution，本意是演化，拉丁词源是展开的意思。它朝哪个方向走都可以，谈不上进与退。人类自以为是万物灵长，但这个世界展开成今天这样，并不是为了人类而展开的。人类自以为是最成功的物种，但是与不是，要看你从哪个角度看。你可以说最成功的物种是蚂蚁，因为它的数量远远多过人类；你也可以说南极磷虾比人类成功，因为它的总重量超过人类的总重量。

第二个误解，自然选择是弱肉强食。潜台词是，道德只是遮羞布，不道德才能当赢家。

这也是错的。一方面，天地不仁。自然选择不考虑公平、正义和任何物种的内心感受，就好比粮食价格不会考虑我家麦田今年的丰收、歉收一样。但另一方面，自然选择并不特别偏爱暴力和叛卖，它常常选择和平与合作。至于哪种情况管用，它无所谓。自然选择既不是不道德的，也不是道德的，它无关道德，是非道德的。

第三个误解，进化着眼长期。

怎么说呢？进化本身是长期的，任何适应性都要经过许多代遗传才能发生。但是，进化又是没有计划的，它没有长期眼光，长期对进化来说无非是无数的短期。所有自然选择都发生在当下，下一步如何选择，选择什么，听候随机性的安排。

对这一条，搞金融的人理解比较深。我问过一位朋友："市场长期趋势，你怎么看？"这朋友曾经是乔治·索罗斯（George Soros）的交易员，现在自己做对冲基金。他说："我不看长期，只往前看三个月。"我很吃惊："更长怎么看？""简单，我总是滚动往前看三个月，不停地刷新。"

这个道理，恐龙如果地下有知，也会理解得比较深刻。再美好的现实，再靠谱的计划，如果明天陨石撞地球，也都没用。地球环境灾变，恐龙灭绝，爬行动物受到重大打击，我们哺乳动物才出了头。人不是注定要当老大的，出现这个结果很幸运。

第四个误解有关适者生存。

物竞天择，适者生存。绝大多数人听到进化论，想起的就是这八个字。它也不是错了，就是不准确，因为进化视角里，生存的意义在于完成繁衍复制。繁衍复制的成功率包含两个部分，生存和繁衍复制。你得活着才能繁衍，但你只是无尽的繁衍复制过程在这一代的载体，与繁衍无关的生存简直是浪费粮食。

近些年兴起的进化医学就是依托于存活与繁衍这两件事的差别。为什么各种慢性病，如糖尿病和心血管病，越来越多？粗放的解释就是进化直接关心繁衍，只是间接关心我们作为载体的存活率。我们作为载体犯了两个错：一是现代人活得太长了；二是进化埋下各种机制，有利于我们活到繁衍，不利于我们完成繁衍后活得很长，毕竟我们活着对它没什么用了。

说到这里，我讲个故事。

夜色降临，有个富可敌国的人打开册子，翻到一页，上面是一个女孩的信息。如果所有条件合适，他会与她同房。如果对方怀孕，他会给对方一笔巨资，足以一辈子生活优裕，让她产下、养大孩子。

这册子有好多页。

他不是皇帝，也没有强迫谁，只是比较有钱。你是不是羡慕他的艳福？

艳福不是他的追求。

册子上的女孩们不必美貌，长得周正就行，学历要求就严一些，必须出自名校，因为要保证基因优秀。是否同房也不必看他当时是否兴致盎然，因为首先考虑匹配对方的生理周期。

你觉得他在享受艳福，在他却只是一份工作。他用治学的严谨、经商的实用、系统控制的精确亲力亲为，因为此事只能自己来：他要留下后代，越多越好。他并不是要靠这些后代继承家业，只要那些后代在茫茫人海中一生二、二生三，滚起雪球来，便可以了。

把财富转换为开枝散叶，做到如此严谨、精确、系统。只不过，他不是自己的主人，他只是基因的一个好奴隶。

这个精准繁衍大量后代的家伙可能听到过一个传说：今天有多少亚洲人是成吉思汗的后代，又有多少中国人源自上古时代的三个超级祖先。他不明白，就算是这样，自然选择的对象也不是他，亦不是那激发他无穷的努力但没有科学内涵的血统。

这也正是我要讲的第五个误解，自然选择的终极对象不是个体。

回到我们开始说的进化论的四个条件：繁衍差异和性状差异相关，并且性状可遗传，关键就在性状可遗传上。

性状之所以可遗传，原因在于基因，基因是自然选择的最终对象。基因的英文是 gene，出自希腊语，原意为"生"，指携带遗传信息的 DNA 序列，是控制性状的基本遗传单位，通过指导蛋白质的合成来表现所携带的遗传信息，从而控制个体的性状表现。表面上，自然选择的是大长腿；说到底，自然选择的是制造出大长腿的那一个或一组基因。

两万多个基因在我们每个人身体深处，它们才是真正的复制体。我们不可复制，因为我们只是它们的载体。基因不属于我们，我们是基因的工具。

从人的角度看，人为天地立心，为自然立法，是宇宙的中心，赋予一切以意义；但从基因的角度看，人不过是其自我复制的载体。自我复制是基因唯一的"目的"，对人类福祉的"关心"仅限于其中有利于基因复制的那一部分，两者的利益并不完全重合。比如，完成繁衍，则人对于基因不再有价值，衰老、死亡接踵而来。人类渴求长生，基因报之以癌症。天地不仁，以万物为刍狗。

传宗接代本身没有意义，因为传下去的不是"我"而是基因，"我"只是基因在这一站的躯壳；立功、立德、立言本身也没有意义，因为传下去的也不是"我"，而是"模因"（meme），这是进化论学者发明出来的与基因相对的概念，是观念、行为在文化中复制传播的最小单位。"我"只是模因在这一站的啦啦队。

这些本身没有意义，作为基因和模因的宿主，我盲目听从它们的指示，服务于它们最大限度地复制的目标，对我有何意义？

这一切要有意义，须是在我知道真相之后，自由选择，或者传宗接代，或者不；或者立功、立德、立言，或者不。不管怎么样，我们都要脱离对基因的盲从，我们要找的意义不在血缘传递，也不在身前身后名，而在当下的连续的选择与决定的集合中。我们决定赋予它们以意义，它们才有意义。

当然，人被基因寄宿得太长太久，各种所思所想、所作所为，都有可能是基因给我们下的套，包括我们以为的自主选择。当我们知道所有这些有可能是基因下的套之后，仍然"选择"这些所思所想、所作所为，哪怕看起来还是一样，也总算多了一点自由，就是不知道这一层是不是也是基因下的套。这就像电影《盗梦空间》（*Inception*）里的层层梦境，不知道哪一层是梦境，哪一层是现实。我们没有陀螺来揭示答案，说到底，我们都是庄周梦蝶，各梦各的蝶，在各自的梦里寻找属于自己的意义。

关于进化论的书很多，我推荐理查德·道金斯（Richard Dawkins）的《自私的基因》（*The Selfish Gene*），这本书是关于现代进化论的科普经典，多次再版。原因也很简单，如果你对进化论有上面所说的层层误解，那么这本书对你就既像大炮，又像手术刀，一炮轰掉，层层剖开，重塑你的世界观。

想象共同体：走出民族主义的悖论

民族主义默认一个族群操一种语言生活在一块土地上，斯土、斯民、斯语，它必然陷入悖论。

"民族是想象的共同体"，本尼迪克特·安德森（Benedict Anderson）这句话振聋发聩，细想又理所当然。《想象的共同体：民族主义的起源与散布》（*Imagined Communities*：*Reflections on the Origin and Spread of Nationalism*）这本几十年前的名著，今天仍是理解民族主义的一把金钥匙。

说它振聋发聩，是因为民族意识早已深入人心，每个人都自认归属于某个民族，并认为本民族自有天命，古已有之。安德森则说，不然。民族与民族主义是近代以来的文化构造，甚至古已有之，这种二阶意识也是构造的一部分。揭开这一层，对绝大多数人来说，有如面对哥伦布竖鸡蛋：事前想不到，一点就透。

世界历史中绝大多数时候，世界地图上绝大多数地方，无所不包的普世帝国是常态：普天之下，莫非王土，率土之滨，莫非王臣，只有力能及不能及的问题。民族的构造、民族意识的形成、民族主义的兴起，是近代现象，首倡于从未大一统过的欧洲，1648 年《威斯特发里亚和约》签订后萌芽，18 世纪末勃兴，19 世纪后半叶扫遍全欧，两次世界大战后，旗帜插遍全球。

"民族主义不是民族自我意识的觉醒，而是在本不存在民族的地方发明了民族。"当代欧洲思想家欧内斯特·盖尔纳（Ernest Gellner）说。他与安德森的不同之处在于，他认为民族主义是从欧洲输出到全世界，安德森则认为民族主义先兴起于拉丁美洲从西班牙、葡萄牙的殖民统治下独立、建国时期，然后再回输到欧洲。我们不进入这些细节。

务必注意，发明不是"编造"和"伪造"，而是"想象"和"创造"。其实，不光民族和民族主义 是基于想象的构造，人类社会中的绝大多数组织也是。

英国人类学家罗宾·邓巴（Robin Dunbar）提出过一个数字——150，后来被命名为"邓巴数字"。人际交往圈层层外扩，150 人是个关键界限，受大脑注意力资源限制，我们能建立稳定关系的人数在 150 人上下。这个圈以内的，多为亲戚、邻居，彼此熟知，可以守望相助；150 人以外再扩一层，就是 1500 人左右，对应于部落；再往外的人群，我们对其渐渐只有抽象概念。总的来说，关系超越血缘、规模大过部落、复杂度超过人际网络及其自然延伸的社会组织及其意识形态，都是基于想象的构造。

此亦想象的共同体，彼亦想象的共同体，区分不在于谁真谁假，而在于被想象的方式：为何被想象出来？为何是此时？怎样被想象？

与其他主义不同，民族主义的诉求极为明确而特殊：一个族群共同生活在一块土地上，所谓斯土斯民。而通向斯土斯民的民族意识形成之路，又总是通过斯语，也就是本民族共用的那种语言。

500 多年前，马丁·路德（Martin Luther）将几张纸钉在维滕贝格的教堂大门上，开启了宗教改革之路。这篇檄文用德语写就，一周之内传遍德意志。路德可以说是近代第一位畅销书作家。之后 10 年间销售的所有德语书籍，三分之一以上是他写的宗教改革纲领和他译的德语版《圣经》。新教为什么在天主教的高压下兴起？不是因为只有路德的追随者会用印刷机，而是因为他们印刷的书籍用本地语言写成，离人心更近。而且，拉丁语有几个人能读？出版市场很快饱和。安德森说，印刷资本主义在那个时代的力量与互联网资本主义在我们这个时代的力量相当，它追逐更大的市场，每种本地语言都是一个新的市场，一个一个地被它打开。

印刷术就这样改变一切。在印刷术出现之前，罗马教廷战胜所有异端，因为天主教会掌握着唯一能通达全欧洲的通信网络。印刷术带来的资本力量和技术革新，与各种本地语言结合，造就了想象共同体的全新方式。

安德森说，书籍是最早的大规模工业制品，而报纸本质上是一日畅销书，它创造了特殊的大众仪式：在同一个时段，人们阅读同一种本地语言，关心在同一块土地上发生的共同关心的事情，日复一日。黑格尔说，读报取代了早祷。每个读报人都知道有许许多多的人同时在读报，知道他在读报时的体验与想象也属于他们。

这并不神秘。想想我们今天通过社交媒体创造的共同想象，除了更及时、大范围、更猛烈，本质是一样的。一代人有属于这一代人的想象媒介。

安德森认为，三种合力催生了民族意识：资本主义诞生，印刷术普及，本地语言兴起瓦解了拉丁语在精英层的一统地位。想象那种超越血缘和乡土的更大共同体成为可能。经由报纸、书籍传播，多种本地语言转变为书面语言，创造了本族群交流与沟通的统一通道，使操同一种语言者彼此找到认同，与操其他语言者在心理上相区分。与善变的口语相比，以报纸、书籍承载的书面语言印在纸上，带来永恒的感觉，使诸如"自古以来"这类心理暗示润物无声。最后，诸种本地语言之间相互竞争，地位升降。赢家成为主导语言，与民族意识的升腾相互激发，终被各国政府假借为管理国家的工具，成长为后来的主流语种。输家则下沉为方言，幸运者可以留下一席之地，不幸者就湮没无闻。

一旦降生，民族主义就获得了独立的生命力。它好比魔方，伴随着各族群不同程度的自我觉醒，被移植到各种社会地形中，跻身政治和意识形态的"星系创造运动"，在兼并与撕裂中释放磅礴之力。

不过，民族主义巨人只有意志，没有灵魂。三大矛盾注定这一结果。第一大矛盾前面已经提到，民族主义客观上是现代构造的观念，但民族主义者认定本民族自有天命；第二大矛盾，民族主义既有普遍性，因为每个人都属于某个民族，又有特殊性，因为每个民族都自认为独一无二；第三大矛盾，与拥有的巨大能量相比，民族主义义理贫乏，自相矛盾。

民族主义必然陷入悖论。它默认一个族群操一种语言生活在一块土地上，斯土、斯民、斯语。这是19世纪在欧洲、20世纪在亚非拉各民族中批量立国的逻辑：奥匈帝国、沙俄帝国、奥斯曼帝国瓦解，在其废墟上站起来现代民族国家。问题在于，民族数量何其多，而国家并不无限可分。一族得以立国，必然是因为其民族诉求得志，但立国之后，不可能尽情容纳其国中其余各族接下来的独立诉求。

远看20世纪90年代南斯拉夫层层解体引发的残酷战争，近看西班牙加泰罗尼亚宣布独立造成的政治僵局，没有任何一个政治家会支持所有民族独立自决，实现各自想象中斯土、斯民、斯语的天命。

彼之蜜糖，我之砒霜。

　　所以，民族主义没有前后一致这回事。它没有正解，只有现实解，所以无法产生自己的大思想家：它没有自己的霍布斯、托克维尔（Tocqueville）。在《想象的共同体》中，安德森建议，干脆不要把民族主义当作一种"主义"，好像它跟自由主义或法西斯主义等类似。作为构造，它与王朝政治和宗教信仰的相似性更多一些。在前民族国家时代，普世宗教与一种语言（拉丁语）、一种信仰（基督教）紧密相连；在王朝政治中，君权神圣、国家私有和王室联姻制紧密相连。民族这一近代以来的想象共同体则不同：它既有限，又至高无上。

　　安德森讲得极为精彩：

　　之所以说它是想象的，是因为大多数同一民族的人彼此并不认识，也没听说过，但对共同体的归属感存在于每个人心中。

　　之所以说它是有限的，是因为哪怕民族庞大到有10亿人口，也必有其边界，边界之外是其他民族。没有一个民族主义者会幻想天下大同，尽皆归于其族。

　　之所以说它是至高无上的，是因为各民族各有其信仰、土地、民众，也认识到必须与其他信仰、土地、民众共处，各自要求获得绝对的民族自决。民族国家、主权至上就是这诉求的终极表达。

　　之所以说它是共同体，是因为不管内部有多少不平等、多少不公平，一个民族总是自认为其内部拥有既深刻又宽广的同胞情谊。不然，怎么会有这么多人为这种想象，不惜牺牲自己的生命，也不惜夺取他人的生命？

几乎每个现代国家都有一座无名战士墓，它是民族意识出自构造的证明，用以寄托全民族的共同想象。假设有人千方百计查实了烈士的英名，将其刻在墓上，只是画蛇添足。鲜血不是一人为一家一姓而流，而是全体为本民族而流。

为本民族流血牺牲，与不同民族之间民族主义诉求的悖论相叠加，正是现代民族国家的悲剧。如果多民族之间陷入零和博弈，这将不再是个审视其逻辑是否一致的问题，也不是个查国际法能得到答案的问题，而变成只能在现实政治进程中求解的矛盾纠结体，其解系于两根支柱之间：一根支柱仍然是实力政治，有力者得逞其志；另一根支柱则是人道底线，无论分合，今天绝不应再容许出现族群之间的大规模残杀。在两根支柱之间的地带，国际法也好，历史依据也好，都只是说辞。民族主义的零和博弈不追求逻辑自洽，它是一连串应激反应。

如何摆脱零和博弈，实现彼此和谐相处？这个问题没有答案，只有方略，在现实中求解。它取决于经济、社会、文化、法治等多重维度：文化上彼此和而不同，社会政策上相互扶持，经济上重在可信可见的机会均等，法律面前有真平等。倘如此，则族群共处前景将取决于一国的社会体系、生活方式、经济水平对各族群的向心力，最终取决于这个国家能否朝向善治持续自我更新。

走出民族主义悖论，这是唯一的道路。

新电车难题：用算法来分配社会悲剧

电车难题挡不住自动汽车。

人工智能时代已经开始，如何与人工智能共处，或者说在我们还有能力的时候，给人工智能定什么规矩，不再是抽象哲学问题，也不必上升到谁主宰这类终极追问。它变得极为具体，比如下面这个场景：

行人横穿马路，来不及刹车，如果不转向，会撞死行人；如果转向，乘客会死于翻车。自动驾驶汽车应该做何选择？

这个问题已经迫在眉睫。自动驾驶汽车是最接近大规模商用的人工智能应用。无论中国还是美国，多家公司已经上路实测，不止一家公司宣布要在一两年内推出自动出租车。有汽车就有事故，有事故就有死伤，由人工智能来断谁该死、谁该无恙，它该怎么断？

很早以前，人工智能、机器人刚刚出现在人类的想象中，人们就已想到要给它们定规。科幻小说大师艾萨克·阿西莫夫

（Isaac Asimov）提出了影响力极大的机器人三定律。

第一定律：机器人不得伤害人类，或者因不作为而使人类受到伤害；

第二定律：除非违背第一定律，否则机器人必须服从人类的命令；

第三定律：在不违背第一及第二定律的前提下，机器人必须保护自己。

机器人三定律定义严密，层层递进，它能解决自动驾驶汽车的选择困境吗？

不能。

看第一定律：机器人不得伤害人类，或者因不作为而使人类受到伤害。自动驾驶汽车不转向就撞死行人，转向则乘客死伤，都会伤害人类，它应该作为还是不作为？还有，哪个算作为，哪个算不作为？我觉得机器人想这些问题，能想到死机。

面对类似挑战，阿西莫夫后来给机器人三定律打了个补丁，在最前面加上第零定律：机器人不得伤害人类种族，或者因不作为而使人类种族受到伤害。可以把第零定律理解为要求机器人的选择与人类的最大整体利益相符。问题是怎么辨别最大整体利益是什么？像金庸小说《笑傲江湖》中的神医平一指那样救一人杀一人，算不算？救一个小孩杀一个老人呢？救两人杀一人呢？救两个胖子杀一个瘦子呢？救两个女人杀一个男人呢？无穷无尽的计算，根本没有正解。机器人还不如死机算了。

自动驾驶汽车眼看就要上路了，机器人三定律不够用，怎样给它立个什么规矩？换句话说，你想要机器人按什么道德算法来运行？

首先，你得了解自己想要的到底是什么。我给你推荐一个自测工具——道德机器（Moral Machine），它在麻省理工学院的网站上（http://moralmachine.mit.edu）。点进去，你会遇到 13 种情境，形形色色的人群组合，老的、小的、男的、女的、好的、坏的、胖的、瘦的，面对着自动驾驶汽车。假设你是乘客，你希望自动驾驶汽车牺牲谁，拯救谁？

我的推荐我先测，于是我知道了自己的偏好：

孩子重于老人，胖瘦男女对我完全没差别；多个人重于一个人，不论是什么人；人重于动物，遇到撞人还是撞狗，永远选择撞狗。如果转向和不转向都撞到同样多的人，那就不转向。如果转向的后果是我自己完蛋，那就绝不转向。

推荐你们也去做一遍，一分钟做完，对自己了解更多。

道德机器不是做着玩的，研究者用它来搜集社会在自动驾驶问题上的道德判断。此前有人已经在顶级期刊《科学》（Science）上发表论文，标题就叫"自动驾驶的社会困境"（The Social Dilemma of Autonomous Vehicles）。

读过论文，我发现自己的选择很有代表性。总的来说，我的选择是效用主义（utilitarianism）的。如果一个选择比其他选择更有效用，我就选它。一般来说，对社会而言，救多个人比救一个人更有效用，救人比救动物更有效用。研究者发现，效用主义深入人心，绝大多数人支持用效用主义来给自动驾驶汽车编制算法。更有意思的是，在这里，人们并不在乎人与机器的差别。人工智能采用效用主义算法来做决策，本身并不会让人们感到特别不舒服，并不比由人来做决策更不舒服。就是说，我们其实比想象的更能忍耐。我们知道人生有许多悲剧，必须有取舍，谁来做都得取舍。有取舍就有错，人能够接受机器犯错。

问题在于，人是自相矛盾的。以我为例，我认可效用主义算法，但如果自动驾驶汽车按这个算法来做选择，我却不想坐，更不会买。救多个人优于救一个人，即便这个人是乘客，这样做决定的自动驾驶汽车，你敢坐吗？你想买吗？

研究者发现，绝大多数人不敢、不想。他们希望买的是那种永远优先保护乘客的自动驾驶汽车。也就是说，绝大多数人都支持自动驾驶汽车使用效用主义算法，支持别人买这样的车，但自己不买。研究者认为，这造成典型的社会困境。你希望别人做的事，自己不做。结果就是谁也不做，最后这种自动驾驶汽车根本就没人买。

效用主义不行，并不是说换个算法就行。假如换个算法，永远优先保护乘客，你倒是愿意买了，但公众能允许这样赤裸裸地以行人为壑的做法吗？与效用主义针锋相对的另一种道德算法——康德式道德律令，认为人是目的而不是手段，一个人等于全人类，那更是让人工智能无从抉择，真不如死机算了。

说到这里，对道德哲学有了解的朋友已经懂了，自动驾驶汽车撞谁不撞谁的算法问题，其实就是古老的电车难题在今天的重现。电车难题是这样的：电车失控，转向要伤人，不转向也要伤人，如果你是司机，该做何选择？百年来，各种道德思想流派竞相抢答，没有一个公认的正解。今天无非是把司机换成了人工智能。这道选择题人类给不出正解，人工智能自然也给不出。

难道自动驾驶汽车就上不了路吗？

这倒绝不会。

第一个摆脱困境的思路来自人工智能专家。他们认为，既然解决不了这个问题，那就消灭它。谷歌的自动驾驶工程师说，道德算法是假问题。自动驾驶汽车能高速处理速度、距离、路况、天气等信息，用激光雷达和各种传感器提前感知，提前计算出最合理的方案，使那些难以抉择的危险情境根本就没有机会发生。问它撞一个人还是撞两个人，这个问题它回答不了，但是这个问题在它那里不存在。工程师对技术魔法有谜之自信，不管你信不信，反正我是不信。

第二个思路是寻找与困境并存的策略，古往今来人类一直在做这件事。电车难题、人工智能的道德算法，本质上都是把悲剧分配给谁的问题。在理论上，不存在满足各种公平正义要求的正解，但实践中随时随地都在分配，一刻也没有因为不够公平而停止过，问题只在于它是如何分配的。

这正是奎多·卡拉布雷西（Guido Calabresi）的名著《悲剧性选择：对稀缺资源进行悲剧性分配时社会所遭遇到的冲突》（ *Tragic Choices：The Conflicts Society Confronts in the Allocation of Tragically Scarce Resources* ）最有洞察力的地方。卡拉布雷西与罗纳德·H. 科斯（Ronald H. Coase）、理查德·艾伦·波斯纳（Richard Allen Posner）并称为法律经济学的三位创始人，卡拉布雷西做耶鲁法学院院长多年，是美国法律界的泰斗级人物。这本书的副题是"对稀缺资源进行悲剧性分配时社会所遭遇到的冲突"，专讲社会怎么分配悲剧：怎么确定悲剧总量，以什么方式分配给谁。

泰坦尼克号撞冰山，谁先上救生船？计划生育，如何分配生育指标？器官移植，谁优先获得器官？以及今天的新问题：自动驾驶汽车撞谁不撞谁？等等。

回答这些问题只能是全社会的责任。在《悲剧性选择》中，卡拉布雷西说，社会分配悲剧有四个策略：市场、政府、抽签、惯例。但没有哪个能长期维持分配的稳定性。

市场化分配是分散决策，但是价高者得不可避免地将已有的财富不平等延展到当下分配的不平等，并且注定将人们认为不可定价的东西比如生命也贴上价签。没有一个社会能允许用市场化分配一切。

政府分配的好处是较能反映民意——如果政治力量的对比产生自选票的话，但这也使得混乱成为现代社会的常态：如果政府直接出面分配悲剧，那就成为社会价值观冲突的替罪羊；民意如潮汐，总在分配谁去承受悲剧的政府，无法长期稳定地获得民意支持。

抽签把一切交给运气，看上去绝对平等，但抹杀了被社会珍视的另外一些平等观：为什么不先救孩子？为什么不把机会让给那些有巨大贡献的人？而且，抽签撕下了面纱，让悲剧无法避免地赤裸裸地摆到社会面前。社会其实不能承受这种真相。

所以，社会也用惯例、习俗、文化来掩盖对悲剧的分配，比如印度留存至今的种姓制度。可是，这种表面上无分配的分配有其代价：社会假装习以为常，披上虚伪的面纱。

社会要保有道德自信，就得将悲剧的分配伪装起来。卡拉布雷西认为，单一策略的效果往往不如混合策略，就是既不是全靠市场，也不是全靠政府，或者是抽签或惯例，而是多种分配方式的杂糅。即便如此，稀缺永恒，每个社会都在做六个杯子五个盖的腾挪，能玩就玩下去，玩不下去了，社会就只好重置游戏。

也就是说，社会的道德算法必然会周期性切换：因为无法在冲突的价值观中做出取舍，所以社会都保有它们，一个都不能少，但在时间上分开。某个时段，某个价值观占上风，直到它承载的负能量过多，终被另一个价值观所取代。风水轮流转。这是社会道德算法的跨时多元化策略，为相互冲突但都被珍视的基本价值观留下火种，并缓解冲击。

　　回到自动驾驶汽车的话题，自动驾驶汽车时代注定很快到来，哪怕不会有一个公认"正确"的道德算法。未来自动驾驶汽车里植入的算法是厂商自决、市场选择还是政府规定，都有可能，唯一确定的就是不管用哪个算法，都必然将制造属于它特有的那一类悲剧。等到这些悲剧沉重到社会必须切换另一种悲剧来承受时，齿轮转动，算法重置，悲剧的分配重新开始。

·

另类视角

关于女性，男人什么都不懂

对最重要的人知道得最少，那就从偷窥开始改变吧。

"一切都与性有关，唯独性与性无关，性只关乎权力。"

美剧《纸牌屋》里，凯文·史派西（Kevin Spacey）饰演安德伍德（Underwood）总统，强迫女记者性交易，然后面对镜头，扬扬得意地说出这段对白，给人留下极深的印象。当时不知道史派西是本色演出，今天已知，更觉惊悚。

假戏真做已成往事。史派西过去几十年来性骚扰史曝光，立即被经纪人、电影公司抛弃，所有合约作废，一夜间成为孤家寡人，山穷水尽。

"站出来"（come forward）运动席卷美国。从好莱坞到硅谷，从体育场到国会山，从西岸到东岸，女性站出来指证那些性骚扰惯犯，绝大多数人应声而倒，相继演出道歉—忏悔—治疗三件套。没有用，这场革命激荡历史，扬出沉渣，不放过一个坏人。

还在总统竞选期间，传出特朗普 10 余年前跟电视台主持人私下交流猎艳心得。特朗普说，不管什么女人都直接上手，我是名人，就可以这么干。那时，特朗普是纽约房地产商人、真人秀节目《学徒》的主角。

搞不好特朗普看过一些进化心理学的读本。在两性关系上，进化心理学大体上是这套看法：

第一，男人在性上更放纵；

第二，女性在性上对稳定关系更感兴趣；

第三，女性天然被地位高、有资源的男性吸引；

第四，男性天然被年轻美丽的女性吸引；

第五，这些在很久很久以前就写入了人类的基因，过去、现在和将来都不会改变。

特朗普肯定认为这些说法太对了。

这些总结也是《女人：女人生理解密》（*Woman : An Intimate Geography*）一书中树好的靶子。作者纳塔莉·安吉尔（Natalie Angier）是普利策奖得主、《纽约时报》科学记者。她在前言里说，这本书由女性写，写女性，写给女性。

我作为一个男人读这本书，感觉是在偷窥。为什么要这么干呢？

因为女人太重要：男人都有父母、儿女，概率上总是一半一半，但伴侣几乎肯定是女人。女人在男人的生态系统中占多数，而男人对女人的了解水平，正如女人耶哥蕊特（Ygritte）在《权力的游戏》中告诉男人琼恩·雪诺（Jon Snow）的那样："你什么都不懂。"

对最重要的人知道得最少，那就从偷窥开始改变吧。

我学到了什么？

第一，如果一定要问男性和女性谁是第一性，那么答案不是男性。说谁造谁不科学，但如果一定要说谁造谁的话，不是亚当造夏娃，而是夏娃造亚当。有些物种没有男角，但没有哪个物种没有女角。就人来说，胎儿到第九周始分男女，此前默认都按女性身体来造，要到第九周前后，看有没有收到雄激素带来的信息，再决定接下来怎么造。如果没收到，那就继续按女性身体造下去；只有收到雄激素信息，才在身体上刻画出男性的器官。也就是说，默认是制造女性身体，而制造男性身体则需要被激活。

书中讲到一个例子，当事人以为自己是女人，但没有子宫、卵巢，检查发现有Y染色体。这说明从基因角度看，本来应该是男人，但其没有被雄激素信息激活，系统按照原定程序制造出女性身体。一切真相大白，她获得了自由：做男人还是做女人？自己选。她选择做女人。

第二，标准版进化心理学刻画的那种男女关系学，说到底也就是一种男性中心看法而已。

男人在性上更放纵，女性更看重稳定关系，女性天然地被地位高、有资源的男性吸引，男性天然地被年轻美丽的女性吸引，这些进化心理学的基本看法，都来自它对两性生育策略的理解：孩子总是要由母亲生育，男性和女性的投入差别很大，男的一夜风流，女的怀胎十月。所以，男性的占优策略是广种，女性的占优策略是优选。人类从婴儿到成年的周期又特别长，女性必须特别在意男方是否有意愿、有能力共同养育后代。天长日久，这些偏好在演化中就写入了基因。

听起来很有道理是吧？只是它们不一定对。

安吉尔反问："如果男性天生更放荡，为什么社会严防死守、视为大敌的永远首先是女性放荡？"

答案摆在眼前，因为男权社会。

再说女性普遍倾向于往上嫁，这是事实，但原因是刻在基因里呢，还是写在不成文的社会现实中？基因怎么刻的，谁也看不见，现实就很明白：男人只占总人口的50%，却拥有75%～90%的财富；再看各级领导有多少男性，多少女性。现实有个明明白白的答案，在这个答案前背过脸去，去瞎猜基因写下的安排，是真不懂呢，还是装不懂？

安吉尔继续讲，在男权固化的社会中，即使是聪明能干、完全可以独立自强的女性，也倾向于往上嫁，正因为她们预见到男人脆弱的自尊心使他们不能接受比女方挣得少。为了家庭和睦，她们只好往上嫁。

说到底，安吉尔引用"祖母假说"认为，养育后代这件事，就算在占人类历史绝大多数时间的狩猎采集时代，男人的作用也相当有限。首先，不靠男人养活一大家子。狩猎采集社会里，男人的工作是狩猎，结果并不稳定，成功了打打牙祭，不成功就得靠女人采集果实为生。安吉尔引用的研究称，女性采集是狩猎采集部落绝大多数的卡路里来源。其次，养孩子一样主要靠女人相互帮忙，特别是依赖年长、有经验的女性，首先是孕妇的母亲。这就是祖母假说的核心：在年长女性的协调下，女人帮助女人，不用依靠男人，既活得下来，还养得大孩子。

也许你觉得祖母假说是胡扯，就算是也没关系，安吉尔只是用它来讲一个道理。进化心理学认为自己说的那种两性关系已写入了基因，安吉尔告诉你基因的写法不止一种可能，祖母假说是另一种。家庭的组织，婚姻的由来，这些问题都还是谜，安吉尔不假装知道答案，她建议谁也别假装知道答案。安吉尔只相信一点，现实中的两性关系不必是进化注定的，完全可以来自社会安排。既然是社会安排的，那就是可以变革的。

可以说，今天站出来指证性骚扰的运动席卷美国，正是变革的集中爆发。我祝愿它能走得更远。

安吉尔的宣言，被两个少壮派实验经济学家发现并从侧面印证。在《隐性动机：日常生活中的经济学和人类行为背后的动机》（*The Why Axis：Hidden Motives and the Undiscovered Economics of Everyday Life*）一书中，尤里·格尼茨（Uri Gneezy）和约翰·李斯特（John List）发现，即使是在美国这样的开放社会里，与男性相比较而言，女性也倾向于回避竞争，而这又往往导向收入偏低，机会偏少，上升空间偏小。这些是事实，他们想知道女性回避竞争是天生的，还是受社会影响。

他们选了两个部族：一个在坦桑尼亚，是极度的男权社会；一个在印度，是硕果仅存的母系社会。前者，女性毫无地位，问一个男人有几个孩子，他只算儿子，不算女儿。后者不然，家长是女性，遗产给女儿，女儿不出嫁，女婿上门，经济权掌握在女性手中。两个社会有天壤之别，正好是经济学家的自然实验场。

他们在两个地方做同样的实验，让人们往桶里扔 10 个球，每扔进去一个就给 1.5 元，如果愿意跟别人比赛，赢了就给 4.5 元，输了就什么都没有。在坦桑尼亚的男权部族里，50% 的男人选竞争，女人则只有 26%，这似乎印证了女性回避竞争一说。但在印度的母系部族里，实验结果完全翻转，只有 39% 的男性选择竞争，而女性选竞争的有 54%，甚至超过男权部族里的男性比例！

女性并不天生回避竞争，只是被社会教养成了这样，对竞争的态度是个文化现象。如果女性拥有经济大权，不担心社会压力，能充分表达自我，那么她们会表现出同样甚至更强烈的竞争偏好。

事实残酷，环境对性别的暗示极为强大。我有两个孩子，一个男孩一个女孩，甚至早在被送入幼儿园融入外部环境之前，他们就已经形成了明显的社会偏好：男孩喜欢火车、汽车、舰船，女孩喜欢裙子、粉红色和画画。这肯定不是出自我的有意鼓励，但是环境中早有各种各样我们熟视无睹的信号，潜移默化地将孩子引向社会认可的方向。

所以，格尼茨和李斯特认为，要非常警惕环境对孩子根据性别的归类。在成长的关键阶段，让女孩处于鼓励竞争的环境中极为重要，而最关键的阶段就是青春期。干预要在教育和社会化的早期阶段进行，等到社会化完成以后就晚了。这两人都有好几个女儿，他们达成共识：在增加女儿的信心上投资，相当于投资于自己的养老。

我推荐《女人：女人生理解密》一书。它为女人而写，但男人们应该来偷窥，了解对你而言最重要的人，不然，你什么都不懂。

如果基因能定制，会有多恐怖

上帝级的大杀器，终于要掌握在人类自己手中。

你可能不知道，今天的世界已经极度疯狂。

有人想复活猛犸象。

有人想战胜癌症。

有人想在出生之前就治好婴儿的遗传缺陷。

有人想更进一步，制造完美婴儿。

一个比一个异想天开，却都已经进入大众视野。

这一切都是因为廉价、可靠的基因编辑术终于出现了。

你必须读读这本书：《创造的裂缝：基因编辑与不可想象的控制进化的力量》（*A Crack in Creation：Gene Editing and the Unthinkable Power to Control Evolution*）。作者珍妮弗·A.杜德纳（Jennifer A. Doudna）是美国加州大学伯克利分校的生物化学教授，革命性的基因编辑技术 CRISPR-Cas9 方法的首要发明人。这项研究于 2012 年 8 月在《科学》杂志上发表，立即被认为获得诺贝尔奖只是时间问题。全世界的生物科学家就像得到了新玩具的小朋友，才五年过去，就发表了无数用这项技术取得的成果。

接下来，我教你用它制作物种大杀器，也就是毁灭物种的武器。

你需要懂得这样几点：

第一，有一类基因非常"自私"。本来上一代的特定基因各有五成的概率传给后代，但有一类基因比较特殊，它不一定能为后代带来什么好处，却几乎百分之百能传下去。科学家们不知道怎么说它好，称其为"自私"基因。

第二，有科学家开脑洞，如果能利用这类自私基因特别强大的遗传能力，加以改造，不就能在一个物种当中迅速向后代普及新特征？比如，把"绿眼睛"的基因编码搭载在自私基因上，因为近乎百分之百能传到下一代，所以不用多少代，这个物种就会被"绿眼睛"完全统治。

第三，在合用的工具出现之前，将你想要的基因编码植入自私基因不过是空想。但 CRISPR-Cas9 基因编辑技术改变了一切，它可以精确地找到自私基因，敲出其原来的部分编码，植入你想搭载的基因编码。就跟运载火箭一样，推进器、燃料舱都不动，就置换了货舱。

第四，科学家更进一步，不光置换了火箭的货舱，植入目标基因编码，还把基因编辑工具包也一并植入，层层嵌套，打造出强化版的自我复制器。"绿眼睛"会像野火一样迅速传遍整个物种。

上面讲的第一、第二、第三、第四点，这四步整套做法就叫作基因驱动（gene drive），它能够在物种当中迅速地普及新特性。如果仅仅是"绿眼睛"也就罢了，问题是植入哪些基因编码谁说了算？谁来管？

已经有科学家考虑用基因驱动的方法来消灭疟疾。疟疾通过蚊子传播，消灭蚊子就能消灭疟疾。办法是用基因驱动把隐性的绝育基因植入雌性蚊子体内。单份的隐性绝育基因可以遗传，会很快在蚊子中普及。最后，当所有蚊子都携带双份的绝育基因时，灭绝便降临。

蚊子界现在最应该担心的，就是那只雌蚊子逃出实验室。

这就是物种大杀器。美国中情局在《全球威胁评估》（*Worldwide Threat Assessment*）报告中，把它与核武器、化学武器并列为大规模杀伤性武器。

正如杜德纳在其著作的副标题中所说，用基因编辑来控制进化的力量大到不可想象。自从有生命 30 多亿年以来，有人类几百万年以来，进化靠两个基本因素：一是基因的随机突变，二是自然选择。自然选择比山岳还永恒，但基因随机突变这件事有可能天翻地覆：通过基因编辑技术，人能够修改植物、动物以及自己的基因，它们的变化可以不再是随机的。上帝级的大杀器，终于要掌握在人类自己手中。

　　跟我念一遍这个基因编辑技术的名字：CRISPR-Cas9。C, R, I, S, P, R, C, a, s, 9。它不是第一个基因编辑技术，此前至少有两种已相当成熟的方法，但跟前辈相比，它简单、有效、廉价、精确、普适。它使得基因编辑这件事从复杂变得简单，从昂贵变得低廉，从殿堂实验室进入寻常百姓家。一句话，它把基因编辑这件事给民主化了。发明人杜德纳说，极而言之，有过实验室训练，再花几千美元准备工具，就可以开干了。

　　它的发明是偶然，也是必然。科学发现与发明有两种：一种是你不发现，人类就会错过很久；一种是全世界有好多科学家又合作又竞争，朝着一个看得见的目标赛跑。相对论属于前者，CRISPR-Cas9 基因编辑属于后者。在杜德纳发表论文之后，很快就有多篇高质量的同类论文面世，使它在降生之际就已经相当成熟。可以说，谁先撞线只是对撞线者重要，但对人类没差别。此刻瓜熟蒂落，它就应该现世了。

　　杜德纳领导的合作团队发明它则很偶然。杜德纳的专业是研究细菌，学术生涯中从未研究过动物，更不用说人。她当然也不是基因编辑专家。她拔得头筹，是因为近水楼台，这套基因编辑技术来自细菌的免疫机制。

　　第一步，细菌被病毒感染后，会多出外来的 DNA 序列，CRISPR 能将其标出来，用术语讲则是将外来片段整合进细菌细胞的基因组，转录出 RNA，在基因编辑中的角色相当于导航器。第二步，RNA 将 Cas9 导航到外来片段所在位置，将其剪除。CRISPR+Cas9，导航加编辑，完成精确打击。洞察细菌免疫系统这个自我防卫机制，杜德纳指出其意义在于同一机理可用于各种基因编辑。

怎么理解这个革命性的基因编辑术？我是文字工作者，就用写书来做对比：

人类基因组是一部天书，长达30亿个字（碱基对），2万多个概念（基因）散布其间。

如果我要修改书中的任何部分，得用文本编辑工具，它提供了查找功能，输入关键字，检索全文，找到目标，然后编辑操作，删除、改写、插入，等等。

基因编辑与此类似：CRISPR对应于查找功能，在30亿个字的天书里找到对应的基因片段。Cas9则对应于删除、改写、插入等操作。两者合力，理论上可以找到任意目标基因编码，可删除，可插入，可改写，还可多重编辑。

编辑基因如编辑文章，是不是很恐怖？

要达到这个状态，目前还有两大制约：

第一，人类基因组是一部天书，我们还远远没有读懂。目前达到的水平差不多是这样：每个字都认识，但全篇基本不懂；有些段落好像读懂了，但上下文基本不懂；至于伏笔、隐喻，根本不懂。总的来说，距离刚刚脱盲没多远。

第二，新基因编辑技术虽然精度显著提升，但在查找目标基因时，仍然有可能脱靶，就是搜索到错误的基因片段。比如说，想搜的是冯京，但鼠标落到马凉身上。在一个错误的基因上动刀，想想就不寒而栗。

杜德纳说，解决脱靶问题有几个办法：一是理性主义的，就是用电脑算法遍历人类基因组这部天书，精确评估脱靶风险；二是实证主义的，就是大量实验，在相似基因序列上反复打靶，直到找到脱靶风险最小的选择；三是工具主义的，就是改进导航工具，增加精度；四是打补丁主义的，因为剂量越大，则脱靶风险越大，那就控制好剂量。

总之，慢慢来。

基因编辑技术与读懂基因组天书这两件事并非彼此孤立。读懂天书，基因编辑技术才有地方施其巧，而基因编辑技术也能反过来帮助我们解开天书。它的毁灭潜能与创造力，都在于接下来人们的选择。

回过头来讲讲刚开始提到的科学家们的狂野计划。

第一个，复活猛犸象。

哈佛大学的一个团队已经完成对两只猛犸象的完整基因测序。他们把猛犸象的基因组与其现代近亲亚洲象的基因组做穷尽比对，发现共有1668个基因差别，大多与温度习性、皮肤、毛发和脂肪有关——猛犸象生活在冰天雪地，亚洲象生活在南亚。他们已经用基因编辑技术将其中16个基因的亚洲象版本替换成猛犸象版本，理论上可以把所有1668个基因都替换成猛犸象版本，用今天的亚洲象来复活灭绝于一万多年前的猛犸象。

侏罗纪公园不是梦。

第二个，战胜癌症。

基因编辑技术在攻克癌症这件事上是辅助角色，现在有两个路径。

首先是帮助精准确定致癌病变的基因突变。把癌症病变与特定的基因突变挂钩这件事很难，大多数癌症的基因机理现在对我们来说还是盲区，而基因编辑可以帮我们摸得更快点。过去靠漫长的实验室试错，现在可以简单得多。已经有研究团队编辑出疑似与急性白血病相关的多种基因突变，注射到不同的小白鼠身上，观察哪只得了急性白血病，结果一目了然，精度、速度都提高很多。

还有就是协助免疫疗法。与传统的化疗、放疗、手术不同，免疫疗法不直接杀灭癌细胞，而是激发我们的免疫系统来打击癌细胞，征用的生力军叫作 T 细胞。免疫疗法的关键就是让 T 细胞识别并打击癌细胞，理想的情况是患者得哪种癌症，就针对性地定制 T 细胞来打击它。要做定制这件事，就轮到基因编辑登场了。用它把普通 T 细胞用来识别癌细胞的受体敲出，置入针对特定癌症的受体，相当于给 T 细胞装上了自动对标的巡航导弹。这个方法已经有临床成功的病例。

第三个，制造完美婴儿。

既然有可能用基因编辑来治病，那就一定会有人想能不能用它来制造完美婴儿。既然有人努力在婴儿的胚胎期就纠正其遗传缺陷，那就一定会有人努力为其置入超级能力属性。天赋这件事，过去是自然母亲的安排，现在人们已经看到普罗米修斯盗火的身影。有人已经在构思这件事的商业前景，但应不应该做这件事，仍然是个至关重要的问题：

人类应不应该人为地、永久性地改变人类自己的基因组？

只有实践能给出答案。

种族不存在

> 人类太喜欢乱跑，又太喜欢乱搞；种族不存在，种族主义存在。

你知道吗？种族不存在。

所谓种族（race）不存在，不是指种族主义不存在。种族主义不仅存在，而且在走下坡路几十年后，近来似乎开始走上坡路。种族不存在，指的是不存在生物学意义上的种族。种族是文化、历史和政治的构造，早已有之，至今健在。你想搞种族主义，我暂时拿你没什么办法，但你不要说这样做有什么科学依据。

因为就是没有科学依据。

在生物学家、人类学家群体中，种族不存在早已是共识。近 70 年前，联合国教科文组织就发表声明，强调人类属于同一物种，所谓人类的不同种族不是生物学上的事实，只是个迷思（myth）。在美国一流大学给本科生上的人类学大课上，学生们所获得的第一课知识，往往就有种族不存在。有个美国同行十几年前听完课之后狂写：既然这已经是基础知识，为什么我没听说过？为什么社会不知道？

黄种人、白人、黑人，外表区别一眼可见。黄皮肤，黑头发，黑眼睛，脸部扁平，这是龙的传人；金发碧眼，高鼻深目，这是白人。凭借皮肤和头发的颜色，以及颅相特点，人们很容易彼此区分。也因为基于种族的观念深入人心，所以物以类聚，人以群分。还因为这些观念太容易被政治动机所劫持：用来给人分类，在政治上总是有用，非我族类，其心必异。

世界上有两种东西：一种是错的，但很好理解；一种是对的，但不好理解。种族主义属于前者，种族不存在属于后者。

首先，什么是种族主义？什么是种族？

种族主义主要包括两点：一是人分种族；二是种族之间有优劣，有些种族注定高贵，有些种族注定低贱。高贵种族的智商、道德、守法程度、寿命、社会凝聚力、家庭和谐程度、敬业精神乃至脑容量，全面胜过劣等种族。

种族则是个生物学概念。讲种族，要先从物种讲起。

大猩猩是个物种，人也是个物种，今天全世界大约有3000万个物种。物种之间有清楚的边界，有个最直观的标准：如果交配能产生后代，后代有繁衍能力，那么就属于同一个物种。从这个意义上讲，作为智人，今天的人类与大约3万年前灭绝的近亲尼安德特人也可以视作同一个物种。人类与尼安德特人有几千年的杂交历史,今天人类的基因有 2.7% 来自尼安德特人。马和驴各是一个物种,因为骡子没有繁衍能力。

同一个物种,如果出现一个种群,与外界长期隔离,独自演化,交配只发生在种群内部,没有与外部种群的基因交换,那么,几万年、几十万年后,这个种群可能会发展出与其他种群差别很大的基因特性,无法再与其他种群繁衍后代。这时,新物种便产生。在新物种形成之前,会有一些阶段,新物种尚未产生,但种群已在地理上、外表上、基因上有显著差别,形成生物学上所说的亚种。从生物学意义上说人分种族,指的就是人类存在亚种。

人类没有亚种,这是生物学的结论。具体讲来:

第一,在所有大型哺乳动物中,尽管人类分布范围最广,占据了地球的每个角落,但人类基因的同质性最高。

第二,人类当然存在着大量基因变异。你、我、他,大家的基因都由父母而来,每个人平均有上百个变异。不过,绝大多数基因变异发生在个体层面,只有极少数发生在种群之间,比例是 85%∶15%。两个白人之间的基因差异有可能比各自与一个黄种人对比的基因差异还要大。严谨的生物学家还真在自己身上做了检测。三个著名生物科学家都做了完整的基因测序,一个是发现 DNA 双螺旋结构的诺贝尔奖得主詹姆斯·沃森(James Watson),一个是以私人之力完成人类基因组测序的克雷格·文特尔(Craig Venter),一个是韩国科学家金圣镇(Seong-Jin

Kim），结果发现两位白人跟黄种人的基因差别比两位白人之间的基因差别要小。

第三，正如著名生物学家斯万特·帕波（Svante Pääbo）所说，没有任何一个基因变异是由黑人或者白人所独有的，人类共享所有基因。帕波第一个从尼安德特人化石中提取出 DNA，并完成了其基因组全测序，开创了古遗传学。

第四，所谓的种族没有清楚的界限。即使按照肤色等传统方式来划分，生物学家说，你既可以把人类分成 3 个种族，也可以分成 30 个，无论怎么分都是不完美的。岔开说一句，美国政治学家塞缪尔·波普金（Samuel L. Popkin）有一次告诉我，美国政治生态里对白人的定义，曾经不包括爱尔兰人、意大利人、犹太人。这间接说明了种族划分之难，也说明什么算什么不算，它不是个科学问题，而是政治取舍。

第五，用以区分人种的那些标志，比如肤色，导致这些标志的基因变化并不相同。就说黑皮肤，尼日利亚人是黑皮肤，印度泰米尔纳德邦的人也是黑皮肤，都是为适应强烈日照进化出来的特性，但对应的基因变异完全不同。又比如，欧洲白人、非洲黑人、太平洋美拉尼西亚人，这三种人中，哪两种人之间的基因差异最大？答案是非洲黑人与美拉尼西亚人，尽管他们都是黑皮肤。

第六，基因变化最多的是非洲黑人。原因很简单，10 万年前开始走出非洲的智人，也就是今天其他所有地方人类的祖先，其数量不能跟留在非洲的智人相比。事实上，《科学》杂志的一组论文认为，今天世界其他所有地方人类的祖先，都来自约6万年前智人从非洲的一次出走。不是说智人只出走过这一次，而是其他批次出走的智人都灭绝了。四海一家，还真不是梦想。

非洲以外的人类基因太过相似，以至于有可能非洲一个村落居民的基因多样性，比另外一个大洲居民的基因多样性还高。常有人说黑人如何如何，其实最不能用一个框子去套的就是黑人。肯尼亚人擅于长跑，不是因为他们是黑人，因为导致黑皮肤的基因变化是针对日晒的，而是因为他们万年来生活在高原地带。其他地方的黑人是否擅于长跑，跟问我们中国人是否擅于长跑，答案应该相同：看情况。

第七，这也不是说非洲留下来的黑人独立演化，没这回事。智人走出非洲，又回来，又出去，又回来。其实一想就明白，就说近代以来的殖民主义，白人回到非洲，也有好几次大潮。

总而言之，不管叫什么，形成亚种、人种、种族，至少需要两个条件：一是大种群，二是极为漫长的近乎完全隔离。在过去20万年间，这两个条件从未满足过。亚当·卢瑟福（Adam Rutherford）在《我们人类的基因：全人类的历史与未来》（*A Brief History of Everyone Who Ever Lived : The Stories in Our Genes*）中说，人类太喜欢乱跑，又太喜欢乱搞，于是就这样了。

生物学家和人类学家不反对在社会学、经济学、政治学这些学科中继续使用人种、种族概念，因为它对应着社会现实，但是要求在生物学和人类学研究中把这个词去掉。在科学的意义上，种族不存在。他们推荐用世系（ancestry）来代替种族。两个词的区别在于，追溯世系，讲的总是一个个的个体。每个个体的世系、渊源、传承都不同，要尊重并识别这些差别，不要让它们被种族的伪标签遮住。

就这样，科学家把种族主义的梯子给抽掉了。人群与人群的差别，来自环境、历史、社会、文化、政治，而这些都是可以改变的，经常是应该改变的。

卢瑟福的这本《我们人类的基因》很值得一读。他是生物学家，又在《自然》杂志做过 10 年编辑。这本书是本分子人类学科普读物，文字极好，概念解释得非常清楚，解了我很多惑。除了上面讲的种族不存在之外，还有比如用基因检测确定的最早历史人物是谁？又比如为什么说欧洲人全都是查理大帝的后代，而亚洲人全都是成吉思汗的后代？答案出人意料。你自己去读。

策略性发疯

极度理性与极度疯狂合二为一。

朝鲜核武危机为什么会搞成今天这个样子?！如果懂点博弈论，你就不至于这么吃惊、愤怒、恐惧。

这是个懦夫游戏（game of chicken）。

最简单的懦夫游戏是这样的：你和对手各有一辆车，在单车道上迎面对开，谁先拐弯谁输，拐弯的是懦夫。

最好是你不拐弯，对手拐弯，你是英雄，只有光荣，没有损伤；

其次是你拐弯，对手也拐弯，大家都没面子，但无人受伤；

再次是你拐弯，对手不拐弯，光荣属于对手；

最坏是你不拐弯，对手也不拐弯，双方非死即伤，而且观众觉得你们是脑残。

为什么同样是不拐弯，赢了就光荣，撞了就脑残？因为世界对你的评价是看结果的。以结果论英雄，就这么现实。

要怎样才能当英雄，不当脑残？

博弈论告诉我们，这个懦夫游戏有两个纳什均衡。所谓纳什均衡，就是对双方来说，给定对方的选择，改变自己的现有选择都没有好处。

你不拐弯，对手拐弯，这是一个纳什均衡，因为给定你不拐弯，那对手最好的选择就是拐弯；而给定对手拐弯，你最好的选择就是不拐弯。你们都没有理由改变选择。

如果只有一个纳什均衡，只要双方不傻，信息充分，在大多数情况下就会达到这个均衡。

不幸的是，同理可推，还存在着另一个纳什均衡，就是你拐弯，对手不拐弯。

两个均衡互为镜像，哪个会成为现实？

朝鲜发展核武器，大国遏制威胁，是典型的懦夫游戏。不放弃就打你！打我就更不能放弃。两辆车会不会对撞？谁会先拐弯？

要看谁更疯狂，或者要看谁装疯装得最到位。

光吹牛是不行的。大家谁不是吹牛出身，谁怕谁？必须要到两车迎面相撞前的电光石火间，才能知道谁比谁更疯。

声誉很重要。如果你以前玩过懦夫游戏，次次都跟对手撞到你死我活，那我接下来改造一句鸡汤献给你：如果你足够疯狂，那么全世界都会给你让路。人们歌颂你，歌词说，狭路相逢勇者胜。

如果你是第一次玩呢？博弈论大家、诺贝尔奖得主托马斯·谢林给你出主意：你抢先把方向盘拆下来，扔出窗外。

为什么要扔出窗外呢？因为必须要让对手看到，让他明白，就算你想拐弯，也拐不了了，所以只能是他拐弯。

为什么要抢先呢？因为如果被他抢先把方向盘扔出来，就只能是你拐弯了。

这不是结束。万一你们俩不约而同，同时拆掉方向盘，同时扔出来，那就是灾难。眼睁睁地看着两车对撞，非死即伤。

这就是疯狂的代价。

疯狂也好，装疯也好，走到悬崖边缘，这威胁要有效，就得让对手相信他真的有可能掉下去。威胁这一方如果稳如泰山，那威胁就毫不可信。要让对手相信他可能掉下去，威胁一方就得真的有可能掉下去，哪怕他自己并不想。也就是说，悬崖边缘策略（brinkmanship）要有用，前提是它确实有失控的可能，想控制也控制不了。是不是装，在这里已无意义，这就是疯狂，极度理性与极度疯狂合二为一。

请问，朝鲜核武危机有关各方，谁的疯狂记录更可信？谁在此时此刻展现出更令人信服的已疯的证据？

如果你对答案心里有数，那么对谁更有可能拐弯这件事也就该心里有点数了。

上面这句话的关键字是"更"，因为故事没完，如果故事到此结束，这个世界就成为疯子的天下了。正常人靠什么挣脱出来？

靠随机地发疯。

你不能不发疯，那样会被疯子吃死；你不能总发疯，天天对对碰，世界很快就毁灭；你得偶尔疯一次。

偶尔是多久？发疯的概率取决于输赢的各种后果：输赢有多重要？对撞的后果有多严重？如果算出来的概率是 25%，就是说，平均下来，每玩四次，你发一次疯。对手知道你这个人是 25% 疯，75% 不疯，但不知道眼下这次你发不发疯，最好是你自己也不知道。你也发疯，是对疯子的终极威慑。

只是你随机发疯，对手也随机发疯，天雷撞地火的概率绝不会是零。活得随机，这句话真是至理名言。不要以为对撞不符合任何一方的利益，它就不会发生。

大概正常、随机发疯这类事，博弈论中有个术语，叫作混合策略。它很常见。打乒乓球的时候，主要攻击对方反手，偶尔偷袭正手，这是混合策略；第一次海湾战争，美国只把萨达姆赶出科威特，第二次却直捣巴格达，非推翻萨达姆不可，这也是混合策略。

要找出博弈中的纳什均衡，往往得靠混合策略。在前面的懦夫游戏中，单一策略有两个纳什均衡（你拐弯，对手不拐；对手拐弯，你不拐）。而在混合策略中只有一个纳什均衡，随机按 25% 的概率发疯。

真实世界中的混合策略名声不好，如果你常用混合策略，会得到许多骂名：自相矛盾、前后不一、表里不一、伪君子。

因为人们特别重视一致性。言行要一致，前后要一致。无论面临什么处境，社会都要求一个人得始终如一，做不到就是伪君子，而伪君子比真小人还要坏，因为真小人好歹还有个一致性。人们对一致性的爱好甚至超越了善举恶行之分。

我以前写过一篇文章《自相矛盾才有第一等智慧》，我说，一致性崇拜必然导向悖论。

比如说，现代社会重视多元，主张宽容。这本来很好，但推到极处，问题就来了：对于不宽容，要不要宽容？这是一个悖论：如果回答"要"，那么对不宽容的宽容，导向不宽容；如果回答"不要"，那么对不宽容的不宽容，也是一种不宽容。

过度追求一致性这条路是走不通的。

从核武危机一路讲下来，我们更明白，一致性崇拜不仅错在会导向哲理上的悖谬，还错在它不懂得现实中随机的价值：随机发疯是我们免于被疯子统治的唯一办法。

真正的智者拥抱混合策略。正如《了不起的盖茨比》（*The Great Gatsby*）的作者弗朗西斯·菲茨杰拉德（Francis Fitzgerald）所说："同时保有全然相反的两种观念，还能正常行事，是第一流智慧的标志。"

保有理智，随机发疯，对真小人、伪君子的执念笑笑，让它去。在这个复杂的世界里，想保命全身而退也好，想平步青云也好，都离不开混合策略。

到了荐书时间。

每个人都需要懂点博弈论。博弈论进阶就基本上是数学，但没关系。需要数学才能理解的博弈论，我们本来也应用不到现实生活中。好在对我们有用的是许多现实难题对应于博弈论的经典情境。在生活中识别出这些情境，我们便知道下一步选择的方向。

这是零和博弈还是非零和博弈？这是猎鹿博弈还是囚徒博弈？等等。与之相应，你知道该选择单一策略还是混合策略，合作还是背叛，决定什么情境下要发信号，什么情境下不能发信号，什么情境下要相信对方的信号，什么情境下无论对方发什么信号，既不信也不是不信，而是全然忽视。

博弈论的书多得要命，如果你悟性好，随便哪本都好，了解博弈论这件事比通过读哪本书来了解它重要得多。我给你的推荐是《妙趣横生博弈论：事业与人生的成功之道》(*The Art of Strategy* : *A Game Theorist's Guide to Success in Business and Life*)。

两位作者当中，阿维纳什 · K. 迪克西特（Avinash K. Dixit）是著名经济学家、普林斯顿大学经济学教授，近年来被认为是诺贝尔奖的强有力竞争者。另一位作者是巴里 · J. 奈尔伯夫（Barry J. Nalebuff）。读过我的"得到"专栏《王烁 · 大学 · 问》的朋友对他应该很熟，他是耶鲁大学商学院教授、博弈论专家、连续创业者、谈判高手、活学活用博弈论的人精。有兴趣可以去读专栏里的"极简谈判课"系列，保证有收获。

当年一翻开这本书，我就看到一个案例，恍然大悟。

案例是这样的：帆船赛中，风向多变，一船领先，一船紧追。请你给领先者设计一个必胜的策略。

答案是：模仿，无耻的模仿。

无论风往哪个方向吹，无论紧追一方采用什么战术，如何变换，领先者只需要如法炮制，亦步亦趋。这个战术本身好也罢坏也罢，不重要，重要的是双方的差距不会缩小。赢多少无所谓，赢就行。

我瞬间明白了。当时我们团队离开原来的平台，在新平台上重新出发，遭遇一个苦恼：无论我们做什么，用什么方式做，都毫无悬念地被对方复制过去，原样再现。这个案例揭示了其打法逻辑。这打法与有几年无论出现什么互联网新业务、新技术，腾讯都要照样做一份是一样的：你做什么我做什么，然后用我的某个既有优势压住你。

假如世界上只有两家竞争者，这确实是个有效的策略。

还好不是。

读这本书，你会有许多我这样的开悟时刻。

赢家不报复

不要报复坏人，但是要奖赏好人，抱团取暖，共同抵达。

我曾经遇到一位原生态人生赢家，高考状元出身，上完哈佛商学院，做投资，儿女满堂。我们谈到当时一起突破各种下限的激烈商战。他说，有钱人不打架。我说，都打成这样了，你还说不打架。他说，假打，会和谈。千金之子，坐不垂堂。有钱人不打架，因为风险太大。我问，多少算有钱。那是几年前，他说，一亿美元起。

事实发展不符合他的预期，那起商战双方都没收住手，无下限地打到最后。他也没全错，因为最后结果是一家惨败，一家惨胜，两败俱伤。

确实何必。

他说的不是惊天动地的道理，常识叫作和气生财。但是，许多时候，我们就是想让对手付出代价，不惜自己也付出代价，哪怕导向恶性循环。霍元甲说，冤冤相报何时了。这道理谁都懂，就是多半做不到。

要讲明白什么是报复，得从讲明白什么是合作开始。

想象一项事业，4 个伙伴，一起凑钱，共享收益。

第一轮，4 个人每人放 8 块钱到存钱罐里，收益率是 50%，平均分配，每个人连本带利拿到 12 块钱。

第二轮，有个聪明人发现，没人知道自己出没出钱。他这次没往存钱罐里塞钱，实际出钱的只有 3 个人，这次还是 50% 的收益率，连本带利 36 块钱，还是 4 个人平均分配，每个人拿回 9 块钱。出钱的人吃亏，但是没出钱的人赚大了。

第三轮，谁都不是傻子，看总金额不对，知道有人作弊，就是不知道是谁作弊。别人作弊，自己怎么办？理性算计便会发现：第一，确实是作弊划算；第二，既然自己能发现，那么大家都能发现有人作弊，而且作弊划算，于是大家都会作弊，所以自己也只能作弊，不作弊就是傻子。于是，这次存钱罐里一块钱也没有，收益率再高，收益也是零，游戏结束。

一项事业从很有希望到无可救药，只需要三轮。这个循环发生过太多次。故事里有两种策略：第一种是合作，就是每个人都付出成本，让别人获得收益，同时自己也获益；第二种是作弊，就是不付成本，光拿收益。对每个人来说，作弊几乎总是比合作划算，于是蛋糕很快消失，因为没人继续做蛋糕了。

怎么挽救蛋糕？

这时需要报复出场。有人说，往游戏里加入第三种策略——

报复。所谓报复，就是宁可自己付出代价，也要作弊的人付出更大的代价。

我们对报复这件事很熟悉。复仇既是古老的人类情感，又是戏剧的永恒主角。对欺骗、背叛，对社会不公，对来自权势的凌辱，谁不曾想过报复？不过，报复对每个人来说似乎都是不理性的，因为其最好的结果无非是让对手失去更多，而自己得不到什么。无数讲道理分子规劝过，报复成功又如何？大仇得报，接下来便是无尽空虚。但是，如果从上帝视角看，报复对全社会来说似乎是理性的。如果不是有布衣之怒血溅五尺，君王怎么可能偶尔低下高贵的头？

报复是进化给人类埋下的随机算法，有一定随机性地让个人选择报复，以暴易暴，这些人等于是自费做公益，但社会就维持住了底线。仗义每多屠狗辈，社会总在呼唤大侠，大侠的下场总是悲剧。这些看似矛盾的事情，都是环环相扣的。

有人做实验印证了这一点。跟前面的凑钱发财游戏相似，对照组只有合作、作弊两种策略，实验组就另外增加了报复策略：参加者可以选择自己出钱让作弊者亏更多的钱。实验进行多轮，但每轮相对独立，参加者可以知道上一轮的作弊者是谁，但每过两轮重新洗牌，从头开始。结果发现，对照组中不能报复，所有人很快都选择作弊，游戏结束。但实验组不然，有九成的参加者至少报复过一次，其中有一成报复过 10 次以上，结果是游戏还能继续，没有因为作弊泛滥而崩塌。外推开去就是说，因为有报复作弊者的威慑，所以社会还能存在。

话是这样说，但在不同社会中，报复的作用完全不同。有人在全球不同国家的 16 个城市做类似实验，其中包括发达国家和发展中国家，也囊括了东西方，结果差异极大。在美国、英国和瑞士的城市里，如果作弊者被玩家报复，往往会吸取教训，停止作弊，选择合作。在这些国家中，对于维持游戏，让大家玩下去，增加总收益，报复是有好处的。但在另一些国家的城市里，如希腊、俄罗斯，作弊者被玩家报复后，往往会选择反报复，进入冤冤相报的恶性循环。由于实验的设定是玩家匿名，因此这些作弊者并不知道是谁报复了他，无法针对性地反报复，结果就选择"报复社会"，特地挑选那些合作型玩家来报复。你不让我爽，我就让所有人都不爽。游戏很快崩塌。

作弊者被报复以后是从良还是变本加厉，与其所在社会的法治程度和公民社会发展高度相关。法治到位、民间凝聚力高的社会，作弊者在被报复后从良的比例高，反之则报复社会的比例高。这个实验没有在中国的城市里做过。中国人大概在什么位置？留给大家自己估计吧。

总结一下，如果要报复作弊者，那么你得先付成本，但能否创造出公共利益很难讲，在有的社会是可以的，至于公共利益最后能不能反哺到你，反哺到你多少，那是更遥远的事情；而在有的社会里，报复大概率会引发反报复的恶性循环，迅速导致社会崩塌。在法治废弛和公民社会机制缺失的原子化社会里，你要想当赢家，报复是错误策略。

还好这只是一种情境，还好有另一种情境。在这种情境里，参加者们不再是匿名状态，他们反复博弈，彼此了解，形成了每个人的声誉：有人的声誉是总是合作，有人的声誉是总是作弊，有人的声誉是总是报复作弊者，等等。哈佛大学教授马丁·诺瓦克（Martin Nowak）在这种情境中做了多轮实验，结果发现，报复确实有助于维持合作，但因其成本高昂，总收益并不高；相反，游戏的赢家们无一例外是那些从不报复的人，面对报复与奖赏两个选项，他们不报复作弊者，只是远远地躲开，转而奖赏那些合作者。不要报复作弊，但是要奖励诚信。赢家们是这样一些人，他们在漫长的博弈中躲开作弊者，与合作者同行，相互激励，在一个诚信依然有用的社会里抱团取暖，共同抵达，而社会因此受益。

诺瓦克给出建议，要有选择地与他人互动：奖赏合作者，与其建立密切关系，传播他的声誉；不与不合作者合作，但也不报复。从自己做起，从现在做起。诺瓦克在哈佛主持演化动力学实验室，其巨作《超级合作者》（*Super Cooperators*：*Altruism, Evolution, and Why We Need Each Other to Succeed*）把合作产生的各种可能梳理得极为透彻，赢家不报复只不过是其中一章给我带来的启发。这本书不容易读，但只要读下来，收获可想而知。

知识演进时，经验靠不住

常识认为知识来自盲人摸象，摸得越多，了解得就越多。波普尔则认为，知识是在黑屋子里追逐黑猫，只能知道它不在哪里。

有一些思想家从来不会成为主流，如果偶尔成为主流，也不过是转瞬即逝，慢慢沉埋，被人淡忘。但他们也绝不会彻底被埋没，肯定会有那么一天，被认为不可想象的事情发生：山无陵，江水为竭，冬雷震震，夏雨雪，天地合，他们的价值才重新被发现。

卡尔·波普尔（Karl Popper）就属于这一行列。他是 20 世纪初的大思想家，与领当时思想风气之先的"维也纳小组"亦师亦友，而观点针锋相对。

要讲波普尔，得先简单介绍一下维也纳小组。说起来他们与我颇有渊源，我在北京大学外国哲学研究所求学的时候，导师陈启伟先生师承洪谦先生，而洪谦先生是维也纳小组创始人弗里德里希·石里克（Friedrich Schlick）的弟子。

20世纪20年代，维也纳是欧洲的思想中心，而维也纳小组是中心的中心，与伯特兰·罗素（Bertrand Russell）、路德维希·维特根斯坦（Ludwig Wittgenstein）等相互唱和激发，创立了分析哲学和当代的科学哲学。随着纳粹的兴起，维也纳小组中人散落四方，也将火种撒到英美，使分析哲学成为20世纪的主流思想。维也纳小组继承了近代以来的经验主义传统，但给其以逻辑实证主义的现代表达，其核心是"实证原则"：知识来自经验观察，不仅可以而且必须被事实所证明或证伪。不可用经验验证的陈述既不是真的，也不是假的，而是没有意义的，他们称之为形而上学。宗教、伦理学、美学等即属此类。逻辑学、数学属于例外，它们没有经验内容，也无须经验证实，因为逻辑学、数学命题都是同义反复，结论已经包含在前提中。

"能说清的一定要说清，不能说清的则要保持沉默。"维特根斯坦这句话，道尽逻辑实证主义的精神内涵：知识必须证明或证伪，不能证明或证伪的还是别说了，反正是胡说。你亦一胡说，我亦一胡说，不如都别说。

从逻辑实证主义角度看，科学就是这么一套方法及其产生的结果：基于经验提出理论，根据理论做出预测。如果预测获得验证，那么理论就获得了支持。这是一套证实机制：观察，归纳，证实。从对经验的观察中归纳出理论，依据理论的预测获得检验，得到证实。所谓以今知古，以近知远，以已知知所不知。

这不是书斋里的哲学空谈。人们总是在经验中学习，逻辑实证主义试图严格化、形式化这个过程。它秉持着经验主义的强健和自信，相信经验能使你逐渐逼近真相，只要你用这套严格的方法，并把那些形而上学的胡说八道扫到一旁。

波普尔出场了。他说，你们太自信了。要按你们这个逻辑，就连科学也是不可能的了。不仅要拒斥形而上学，还得拒斥科学。你无法用经验来验证科学理论。

为什么呢？因为科学理论是全称判断。举个例子：你如何能用经验证明这句话——"所有天鹅都是白的"？

要给它以经验证明，全世界的天鹅你就得一只只数过来。这当然是数不尽的。在你见到的这只天鹅是白的，与所有天鹅都是白的之间，有一条经验跨不过去的鸿沟。发现这条鸿沟的第一个人倒不是波普尔，它来自著名的休谟归纳难题。

以近知远，以已知知所不知，从对一只只天鹅的观察跳跃到对所有天鹅发言，你靠的是归纳推理：因为已知的每只天鹅都是白的，于是你认为所有天鹅都是白的。但是，18世纪伟大的苏格兰启蒙思想家休谟说，虽然你必须靠归纳推理，但归纳推理自己是靠不住的。它的前提是相信未来跟过去相似，但这一点没有谁能保证。你之所以总是使用归纳推理，是因为本能，也因为没有更好的办法。

休谟归纳难题公认无解。波普尔说，它给全部人类知识带来根本性的挑战。

问题来了，既然永远无法越过归纳鸿沟，无法用经验证明全称判断，也就是说，科学理论不可能被经验证明，那么，是不是该把它与形而上学一起扫到历史的垃圾堆里去？

显然不行。怎样挽救科学？

波普尔的办法是反转问题：归纳是不可靠的，演绎是可靠的，既然把科学建立在归纳之上不可靠，那就把它建立在可靠的基础上，也就是建立在演绎之上。用单个来证明全体是归纳，反过来说，用单个来否证全体则是演绎。只要发现一只黑天鹅，那所有天鹅都是白的就被证伪了。形而上学则不同，它不可能被证伪。如果我说所有天鹅都应该是神圣不可侵犯的，这东西无法证明，也无法证伪。

"只有可能被证伪的才是科学。"这句振聋发聩的话，就是这么来的。

不过，把科学从形而上学的行列中挽救出来，这事对哲学家们重要，对你就没那么重要了。波普尔对你我真正的价值，是完全翻转了对经验和基于经验的知识的态度。

在他看来，知识是这样演进的：面对问题，提出猜想（conjecture），比如所有天鹅都是白的；根据猜想做出预测，比如下一只天鹅是白的；用事实检验预测，如果下一只天鹅是黑的，那么猜想就被反驳了。不过，如果下一只天鹅还是白的，那么我们并不能说猜想得到了证实，它只是得到了佐证（corroboration），只要它没有被反驳，我们就大可以用下去。如是迭代，直到终于有一天它被反驳，走完它作为对人们有用的知识的生命周期。整个过程不需要用靠不住的归纳，只需要演绎就足够。

至于猜想如何产生，波普尔并不关心这个问题。新的科学观念和猜想的产生没有严格的逻辑方法，往往来自创造性直觉，也就是说，无法规划，无法重现，随机产生。

波普尔认为知识的演进就是问题—猜想—反驳的反复迭代，它与逻辑实证主义主张的另一种反复迭代——观察—归纳—证实，针锋相对。后者是主流。一般认为，人们从经验中学习，产生假设，做出预测，获得证实，反复迭代，使知识渐进地逼向真相。

在名著《科学发现的逻辑》(*The Logic of Scientific Discovery*) 中，波普尔则认为我们不知道自己是不是在逼近真相，因为我们总是在盲人摸象。我们对世界的了解，通过否认自己以为知道的过程展开。知识的进展并不是知道得更多，而是对于不知道知道得更多。也因此，知识的进展并不必然是累积的、渐进的，而是跳跃的，常常是断裂的。

科学理论必然要被证伪，而科学史就是一连串失败史。"所有的模型都是错的，有些曾经有用过。"

诺贝尔生理学或医学奖得主埃里克·坎德尔（Eric Kandel）讲过一个故事，有位同行的研究路线最终被发现是条死胡同，毕生努力尽成泡影，极为沮丧。波普尔告诉他，不，你的研究很有价值，它被证伪就是你对人类知识进步的贡献。对方百感交集，获得解脱。

不过，人们总的来说把波普尔的提示置于脑后。今天的科学界并不按波普尔的方法来鉴定一个东西是不是科学，观察—归纳—证实仍是科学家们自认的科学方法。如果在科学家群体中投票什么东西是科学试金石的话，拔得头筹的多半会是随机对照实验（Randomized Controlled Trial）这类具体机制。作为一个群体，科学家们相信，经验证据既能证伪一个理论，也能渐进地增加理论的可信度，甚至近似地证明它，而近似在绝大多数时候就够用了。未来也许不会重复过去，但我们只好假设它会重复，否则怎么办呢？

在《统计与真理》（*Statistics and Truth*）一书中，大数学家、统计学家 C. R. 劳（C. R. Rao）说：

所有知识最终都是历史学。

所有科学抽象后都是数学。

所有判断的理由都是统计学。

这是科学家又谦卑又骄傲的宣言。

几十年间，波普尔的理论逐渐沉埋，在大众观念场上只留下人们耳熟能详的那句话："只有可能被证伪的才是科学。"而思想内涵渐渐被遗忘。波普尔本人则从顶尖思想家的位置上一路下滑，淹没在故纸堆中。他曾在伦敦政治经济学院执教 23 年，但拿到教授职位，过程艰辛。据说他用过的办公室今天变成了厕所，我还请在那里的朋友去实地考察过。如果不是大投机家索罗斯奉他为精神导师，《黑天鹅》（*The Black Swan*）作者纳西姆·尼古拉斯·塔勒布（Nassim Nicholas Taleb）认他作偶像的话，除了治思想史的专家外，今天谁想得起他？

索罗斯和塔勒布，这些人以承接波普尔思想谱系为荣，他们当然知道从经验中学习是我们唯一的办法，舍此别无他途，但是如果以为经验必能将我们带到离真相最近的地方，就会陷入经验的自大，掉入过度拟合于过往经历的陷阱，而越是对过往经历过度拟合，对未来就越没有预测力。

我们早已摆脱了决定论的世界观，懂得世界本质上是不确定的，却又随时可能掉入另一种过度自信，以为自己对不确定性的掌握很确定。

常识认为知识来自盲人摸象，摸得越多，我们了解得就越多。波普尔的价值是告诉我们，知识是在黑屋子里追逐黑猫，我们只能知道它不在哪里。理解波普尔，对无常命运多一份敬畏，在依靠经验时多一点清醒，且用且疑，且疑且用。

最后讲个寓言。

猪养在圈里，关心自己的命运，不知道饲养员是什么态度，于是找了两块石头，白石头代表爱，黑石头代表不爱，放到罐子里，意思是五五开。次日要是饲养员来喂食，就再放一块白石头进去。

饲养员每天来喂食。

猪每天放块白石头进去。

猪的信心与日俱增。到第 181 天，猪推算出饲养员有爱的可能性高达 181/182（99.45%）。猪终于放心了。

当天，猪出栏了。

"阅读"反人性，为何还要读

读什么书？这个问题既没有答案，又有答案。

关于读书这件事，我想一次讲透我的观点。

首先要说，读书没什么了不起的。

古今中外，人们都非常重视读书。"阅读是思想最早的义肢"，这话出自法国哲学家安妮·法戈-拉尔若（Anne Fagot-Largeault）。思想必须要附着在什么东西上，要有外部工具辅助，阅读就是最突出的工具。

很深刻，但不对。比阅读更早的思想义肢是语言。

无论是古希腊还是春秋战国时期，最古老的经典都是对话体。在文字和阅读普及之前，思想主要通过对话和吟唱来表达和传承。荷马史诗口口相传数百年才被记录下来。事实上，书写刚刚普及时，苏格拉底非常不满，他认为思想只有在对话中才能层层递进到精妙之境，还认为书写将思想外置，败坏了思想者的头脑。他预言人的记忆力会因此下降。苏格拉底并不都是对的，但读书并不天然更高级，这一点他是对的。

今天更是如此。人们越来越从读书转向听音频，可以一心二用，而且场景更加丰富。谁每天上下班不花上一小时呢？

其次，不擅长读书很正常。

人的语言和视觉能力都远远强过阅读能力。语言产生已有几十万年，人类早已进化出强大的语言能力，每个人都能学会流利地说任何语言。视觉识别和分析能力则更强大，人工智能在视觉识别上走得最远，但仍然远不能与人相比。

阅读就完全是另一回事，文字出现至今总共几千年，短到人还不可能向阅读进化。语言和视觉能力已经是天生的，但阅读是件逆天的事。

在《脑的阅读：破解人类阅读之谜》（*Reading in the Brain*：*The New Science of How We Read*）这本书里，法兰西学院教授、欧洲首屈一指的认知神经学专家斯坦尼斯拉斯·迪昂（Stanislas Dehaene）提出了阅读的神经借用假说：人类掌握阅读，是借用了本来用于视觉和语言的某些神经回路。

小朋友获得阅读能力的过程分为三个阶段：第一阶段是图像识别，就是把语词当图像来识别。第二阶段的关键是养成"音素意识"，即认识到语音由最小的单位音素构成，比如爸爸（*bàba*）这个词有四个音素，而音素可随意组合出音节和语词。理解音素的分解和组合这种能力不会自然而然获得，针对性教学和练习必不可少。第三阶段，经过大量阅读练习后，人能快速、自动识别语词。大脑在阅读时做大量的并行计算，最终形成专门的阅读神经网络。

也就是说，大脑能把视觉和语言的部分神经回路改造来做阅读，但必须经过大量针对性的音素训练和阅读练习。一目十行绝不是因为有天赋，而是长期训练后字、词、句的分解和重组已经自动化。

阅读教育的首要目标是使孩子识别字母和音素，变成语音。其他所有方面如掌握拼写、丰富词汇、理解含义、感受文字之美，都在其后。这将显著改变孩子的大脑及其处理语音的方式，从字到音的解析必须要通过专门的教学才能习得。这里说的是西方字母文字，但汉字只会比这更难。

迪昂反对整体教学法，即从一开始就让孩子在单词乃至句子与含义之间建立直接联系，放弃音素学习，重视文本理解，所谓"读书百遍，其义自见"，自然而然地掌握阅读。这种做法的出发点是把孩子从机械的反复学习中解放出来，让孩子尽早感受阅读的快乐。但迪昂认为，它与阅读的神经机制不符，对孩子掌握阅读有害。

阅读困难（dyslexia）是个相当常见的问题，估计有5%~17%的美国孩子有不同程度的阅读困难。所谓阅读困难症，是指孩子智商正常，也没有受过什么损伤，就是识字困难。神经借用假说认为它源自孩子的音素解析能力不足。举个例子，你生造一个不存在的英语单词，正常孩子读出来不成问题，因为他有相应的音素解析能力，会拼音，就能读。但有阅读困难症的孩子就不行，他拼不出来，语音表达很难与视觉符号配对。对阅读障碍的有效疗法重点要放在单词和发音的练习和游戏上，加强音素意识。练习强度要高，周期要长，利用大脑的可塑性激活代偿反应。

有趣的是，美国大公司的 CEO，特别是那些白手创业的CEO 当中，阅读困难症者的比例高于总体平均水平。命运给他们的神经系统没有被改造成适应阅读的样子，但命运给了他们另外的天赋。

再次，时代不同了。读书本身也不是获取前沿知识的方法，前沿知识在各专业期刊的论文里。专精一门学问，至少在当代，并不要你大量读书，而要你读论文。研究分工越来越细，越来越深，无论哪个领域，前沿成果都在论文里。学术专著这个概念越来越失去现实意义，大学者写书越来越是为了向专业外的人做科普。

此外，有谷歌、维基百科以及各种论文库等，极而言之，你可以不读书，等问题产生再按图索骥，如果你能自主产生有价值的问题，有强大的学习能力的话。

总之，大量、广泛地阅读图书并非现代人所必需。前面讲了三条，读书没什么了不起，不擅长读书很正常，因为人天生就不擅长。如果做专业研究的话，读书没有读论文重要。那么，读书还有什么用？

我认为有三个用处：

第一个用处，你没必要也不可能在许多领域都成为专家，但你需要了解许多领域的新知。不同领域新知的碰撞、分解、移植和重组，是创新的主要来源，而广泛读书可以帮你达到目的。现代教育变得越来越细分和专精，成年现代人的通识教育主要得靠自己广泛涉猎来实现。我喜欢讲一个另类二八定律，就是付出两成努力，了解一件事的八成。广泛读书是应用这个二八定律的捷径。如果你想做知识的游牧民族，那么书是你的草原。

第二个用处，我们每个人的生活只是对所有可能生活的一个取样，而每个人都会系统性地高估自己这个取样的权重。简单地说，就是把自己看得太重。要挣脱这个单一取样的天然限制，读书同样是捷径。读书使我们知道，从最悲惨到最辉煌，生活有无限种打开方式。我们了解得越多，对未来的生活才能越有想象力。

第三个用处属于那些幸运儿。他们热爱读书又长于读书，对他们来说，读书本身就是乐趣，并不需要用读书达到额外的目的。大多数读书的人不会这么单纯，但即使是普通人，也能时常体会到读书带来的纯粹乐趣。我也不例外，每年总有那么几本书，我读的时候心游物外，没有目的，唯一担心的就是把它读完了。

如果你有兴趣读书，也适合读书，那么接下来的问题就是读什么书。这个问题既没有答案，又有答案。

一方面，每个人读书是为了解决自己的问题，所以不可能有普适性的答案。另一方面，近代以来的中文著作，其水平远不能与西方著作相比。中国如果能像现在这样再发展20年，世界一流的学问家或许会在中国大量出现，但在那一天到来之前，现在读什么书是有答案的：要读西文书，首先是英文书。如果想读书，首先你要达到能用英文阅读的程度。回过头来说，前面迪昂讲的音素意识、大量练习，虽然针对的是孩子们，但对已成年的非母语阅读者也有启发。

懂得并驾驭阅读的神经机理是一回事，读书要不要掌握特别技术比如速读法之类是另一回事。经常有人问我，该不该读诸如《如何读一本书》这类书，我的回答是不必。像我平时这样的泛读，并不追求速度，平均一周也能读一到两本书。大量阅读自然能使你达到够用的速度。如果真想更快，那就带着问题去读，按图索骥，这种读法一天读多少本都不奇怪，这是汪丁丁教授所说的宽带阅读法。

最后，讲讲我为什么读书。学生年代，读书是为了学业。成人以后，才是真正为兴趣读书：为认识自己，为理解社会，也为解决问题，而读有用之书——终生学习，学以致用。至于致什么用，我们都是中国人，万流归宗，终归要回到诚意正心、格物致知、修齐治平。哪怕今天读的尽是英文书，到最后，我们也还是与属于自己的传统血脉相连。